U0401428

成长中的心理咨询师丛书

心理咨询的全景

评估、概念化和干预的实操与整合

Panorama of Counseling and Psychotherapy

Practice and Integration of Assessment, Conceptualization, and Intervention

唐芹 著

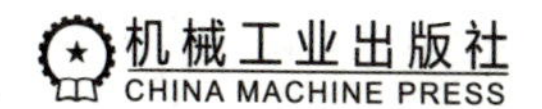

面对一个新个案，我该对咨询过程有怎样的预期？

我的个案咨询进展到哪一步了，接下来该做些什么？

为什么我学习过很多理论知识，面对个案还是会手足无措？

这些是很多新手心理咨询师都会遇到的困惑。理论知识的学习与真实个案的实践之间有很大的不同。作为“简单心理”咨询师培养计划的培训师和督导师，本书作者发现很多学员在学习了心理咨询的基本理论知识和各种流派的技术之后，仍然对一个个案的咨询过程没有清晰的认识，对于咨询进展到哪一步、每一步该做些什么感到迷茫，尤其是在个案咨询早期，难以整合所学，将其真正用于帮助来访者。

鉴于此，作者将多年咨询、督导和培训的经验，以及积累的案例素材结集成本书，带领新手咨询师梳理一段咨询的全景，将评估、概念化和干预三个步骤有机整合，以期帮助读者对咨询过程建立起清晰的认识，形成一张工作地图，更好地为实际工作做好准备。

图书在版编目（CIP）数据

心理咨询的全景：评估、概念化和干预的实操与整合 / 唐芹著. -- 北京：机械工业出版社，2025. 3.

（成长中的心理咨询师丛书）. -- ISBN 978-7-111-77492-1

I. B849.1

中国国家版本馆 CIP 数据核字第 2025US1115 号

机械工业出版社（北京市百万庄大街 22 号　邮政编码 100037）

策划编辑：向睿洋　　责任编辑：向睿洋

责任校对：王小童　李可意　景　飞　　责任印制：刘　媛

三河市宏达印刷有限公司印刷

2025 年 5 月第 1 版第 1 次印刷

147mm × 210mm · 7.25 印张 · 2 插页 · 142 千字

标准书号：ISBN 978-7-111-77492-1

定价：64.00 元

电话服务

客服电话：010-88361066

010-88379833

010-68326294

网络服务

机　工　官　网：www.cmpbook.com

机　工　官　博：weibo.com/cmp1952

金　　书　　网：www.golden-book.com

机工教育服务网：www.cmpedu.com

推荐序一

FOREWORD

很高兴为这本书撰写推荐序！一方面，本书的作者唐芹是我的弟子，跟随我学习心理咨询有三年的时间。五年前，我第一次听到唐芹讲想为新手心理咨询师编写一本如何成为咨询师的学习指南。如今，她的愿望已然达成，为师甚感欣慰，欣然应许为其撰写推荐序。另一方面，现在有很多想成为咨询师的人。整体上来说，市面上缺少专门针对这个群体的书籍。希望这本书的出版可以成为大家的一个指引！

唐芹是读硕士才到我门下的。在攻读硕士期间，她就展现了对心理咨询的巨大热情，一边在北师大学习与咨询有关的课程，一边还参加社会上的很多培训课程，同时还寻找可能的机会做咨询实践。毕业后，她到深圳成为一个个体执业的咨询师，不断实践和探索，积累了丰富的实践经验，提升了咨询的水平和能力，获得了来访者和同行的广泛认可，开始与一些平台一起做新手咨询师的培训课程，后来又为新手咨询师做督导。这本书正是她多年咨询实践、教学与督导经验的结晶。这本基于实践撰写的书一定会为新手咨询师指点迷津，成为新手咨询师成长过程中的一份实用指南，避免成长过程中可能会遇到的一些雷区。

作为长期从事婚姻家庭治疗和儿童青少年心理健康研究、教学与实践的工作者，我深知初学者在临床实习阶段所面临的迷茫与挑战。一方面，我自己也是从这个阶段成长起来的，至今还记得自己作为新手咨询师面对一个来访者时的焦虑、困扰、稚嫩和不知所措；另一方面，我在对新手咨询师进行督导的时候，看到了他们身上展现出的与过去我做新手咨询师时同样的现象。不过，现在的环境对于新手咨询师比我那时好的一点是，过去我更多是摸着石头过河，而现在有很多的系统培训和督导，很多新手咨询师在开展实践前都已经掌握了丰富的理论知识，遇到的更大问题或者难题是如何将这些知识应用到咨询实践中去，因为遇到的来访者并不完全符合书本上讲到的情况。希望这本书可以帮到大家。

首先，这本书针对新手在实践中可能遇到的困境，提供了细致且有针对性的建议。这本书为新手咨询师绘制了一张清晰的“工作地图”，从评估、概念化到干预，分别阐述了各个咨询阶段的重点和难点，帮助新手建立起明确的工作流程和思维框架。书中有大量来自真实临床实践的案例，既有观点阐释，也有对具体案例的深入分析。这些回顾与反思有助于读者更好地理解心理咨询的复杂性，学会如何在实际操作中做出正确判断和干预。

其次，作为一名深耕中国文化背景的心理咨询师，唐芹深刻理解中国社会环境对心理咨询工作的独特影响。长期以来，中国的心理咨询主要依赖国外的流派和教材，但这些流派和教材中的许多临床问题和伦理议题并不完全适用于中国的实际情况。因此，本书特别结合了中国来访者的特征（如时代背景、文化特性），并针对中国咨询师的教育环境、学习习惯和执业中面临的特殊挑战，提供了更加切合实际的指导。此外，本书还详细探讨了在不同系统（如学校、医院或私人执业）中，咨询师可能遇到的独特问题，这些问题紧密契合中国国情及心理咨询行业的发展现状。作者唐芹结合实际问题所做的思考，不仅具有鲜明的时代特征，也切中了当代实践者的需求。

最后，随着心理咨询的发展，各种流派和治疗技术层出不穷，信息量之大常常让初学者无所适从。尤其是从课堂、书本走向临床的过程中，新手们会发现实际咨询与教材内容有很大差距，可能陷入信息过载和焦虑之中。如今，越来越多的整合性工作模式应运而生，这本书并不拘泥于某一理论取向的工作方式，而是站在整合和系统的视角，站在如何帮助咨询师快速掌握心理咨询工作全貌的出发点，站在如何由浅入深、从问题入手但以人为中心地保障来访者福祉的角度，来呈现咨询工作的始终。

这本书是非常实用的临床图书，适合那些正在或即将开始心理咨询临床实习的读者。我相信它不仅能帮助咨询师在复杂的临床场景中明确与来访者的工作方向，还能为新手实践者指引职业发展的新路径。希望大家喜欢这本书！

祝卓文

2024 年 9 月 24 日于家姻心理

推荐序二
FOREWORD

“简单心理”是2017年开始有咨询师培养计划课程的。唐芹是我们最早的老师之一。

因为国内早年的心理咨询师很难获得系统的基础培训，彼时市面上的培训大多是几天的讲座，心理咨询的学习者只能从各处分散的讲座中捡来信息。我们出于“简单心理”业务发展的私心（想要未来有很多好的心理咨询师与我们一起工作），努力去培养新的学习者。我们期望他们从心理咨询的入门基础学习，有心理咨询的学科视角，不只有牢固的理论基础，也有实践的机会和经验；他们不在自己职业发展的初期固着于某个特有的流派，他们开放、愿意探索和理解，有多学科的知识框架；他们有耐心在职业发展的中后期逐渐形成自己对于流派的选择，拥有自己的工作风格。

当年看来，这些似乎有些不切实际。因为当年偏向于某个流派或其分支的咨询师很多。关于心理咨询中一些迷人的概念，多数人都能聊上几句。然而真正拥有扎实的专业基础、清楚的工作脉络，重视评估、概念化、干预（这些概念讲述出来并不吸睛，但是在实践中异常重要）的心理咨询师不多；而再进一步，能够将其讲述出来，在与学习者一起进行督导或讨论工作时能保持踏实、清楚态度的老师就更少了。

我们为了我们自己的课程，四处寻找师资力量。唐芹是当年我们找到的其中一位。她也是这么多年来我们一直在合作的、非常受欢迎的老师。

七年过去，我们这个咨询师培养计划有数千个毕业生。其中很多人在毕业后顺利地进入了“简单心理”的实习平台，陆续成长为新手咨询师、成熟咨询师。我自己这些年来很少直接参与培养计划的一线工作，但经常听到同事和一些咨询师朋友提起其中的老师和学员。我经常听到培训部的同事提到唐芹，称赞她专业能力出色且工作态度极为认真。同时，学员们对她的高度评价也令人印象深刻——无论是专业课程的授课，还是团体督导的指导，她的学习名额总是第一时间被抢订一空。我也记得她的工作兼教学搭档柴欣在唐芹搬离深圳时与我抱怨，说这于他是很大的损失。

如今我有幸来推荐这本书。我提前读了其中的篇章，很惊讶于书中的细节，她将心理咨询的实践系统化地解构为若干阶段和方法：从初始评估到如何推进谈话，从如何主动开启话题到在咨询的不同阶段如何与移情工作；也讲述了对于一个新手咨询师而言，如何管理风险，如何寻找个案。

这些正是七年前我们筹备培养计划的时候，最希望给一个入门咨询师看的内容。它们手把手地帮助一个初入行的咨询师理解心理咨询师究竟是怎样工作的，以及在实际遇到的个案工作中，一个心理咨询师的工作底层应该有怎样的思考系统和工作框架。这本书并不局限于某一特定的咨询理论流派，而是从理解来访者的角度出发，引导咨询师探索如何开启一场深入的对话、如何建立与来访者的深层联结，以及如何通过这段关系实现疗愈。整个框架以整合的方式，由浅入深地构建出一套具有实际操作性的工作体系，其内容非常契合中国本土成长的咨询师的实际需求。

很高兴唐芹花精力将它们逐字写了出来。书中有很多实际的督导案例、新手咨询师身上常见的大意之处、需要留意的细节，更可贵的是它给予了一个可比照着实践的基础工作框架。文字读起来易懂，且生动。如果你是一个新手咨询师，我向你推荐这本书。

简里里

2024 年 11 月 29 日

前言

PREFACE

在心理咨询这一领域，心理咨询师的专业发展可谓是一段既丰富又漫长的旅程。

作为心理咨询师，我们所从事的工作要求高度的专业知识与实践技能，这在很多方面都与外科医生相似。心理咨询师除了需要掌握丰富的理论知识，更重要的是将这些知识应用于实践。

可是该怎么用呢？这便是一次次的临床经验会教会我们的。

有许多学生都会问："我在书上看到要这样说，可是为什么我这样说了以后，我的来访者并没有如书上一样的反应？""为什么书上说的东西，我都用不上？""不同的理论告诉我要做不同的事情，我该听谁的？"大多数步入临床实践的咨询师，他们都有接受长程培训，有着基本的理论知识、技术以及体验性的临床经验。然而，这些知识性和体验性的经验并不完全彼此完美契合、完美衔接，这往往会让咨询师在临床实践中茫然失措甚至举步维艰。如果咨询师对书本内容生搬硬套，则会在实际咨询中受挫。

心理咨询师的专业发展有赖于临床经验的积累。正如外科医生需要通过无数次的手术积累经验以增强其医疗判断的能力，心理咨询师也需要通过丰富的临床经验来提升自己的专业判断力。这种经验的积累是我们成为更加出色的咨询师的关键。

除此之外，心理咨询师的专业发展还有赖于个人内在成熟程度的同步提升。专业的成熟不仅仅是指咨询师人格的成长，而且还包括了从一个新手咨询师到成为一名成熟职业者的转变。

以我遇到的一位督导生为例，虽然他转行做咨询师已经十年，每年都积极参与各类培训以丰富自己的专业知识，但他仍然在咨询实践中感受到不自信、迷茫和不确定。他感觉自己始终停留在新手阶段，未能迈向更高层次。他不断追求新的理论体系，希望通过这些学习促进自己的专业成长。虽然咨询师这一职业确实需要终身学习，对人、对知识、对心理学领域的新进展保持持续的好奇心，但关键在于如何整合所学知识，如何反思并确定自己作为助人者的身份，如何形成具有个人风格的助人理念，并最终实现职业化发展。这些可能超出了学校和培训项目所能提供的范围，而是要求咨询师在其专业道路上不断探索和成长。

对我的这位督导生而言，他所需的可能不再是更多的专业知识，而是有机会去梳理和整合已经学过的知识，尝试把这些知识构建成一套有助于理解人类行为的理论框架。他所需的是对所学知识的深入消化、吸收和内化，将其整合到他的临床工作之中。

心理咨询工作的特殊性在于它高度具体且灵活多变，不是简单地依靠一本手册或一种理论就能彻底掌握的艺术。数百年的心理学观察与实验研究虽为我们揭示了人性的复杂面貌，但在面对具体的来访者时，我们该如何走进他的故事、如何了解他的故事、如何从他的过去看到他的现在，以及如何知晓他的未来何去何从。这些问题常在咨询中挥之不去，部分问题可通过知识与经验找到答案，然而更多的是随着咨询过程的深入而共同探索的未知领域。

在这个充满不确定性的职业中，咨询师的成熟并不意味着消解这种不确定带来的焦虑，而是学会与焦虑相处。成熟的咨询师不会刻意追求解决所有焦虑，而是试图理解焦虑背后的深层意义，并且不断思考这些焦虑对于来访者的意义，同时确保自己不被焦虑淹没，依旧能保持咨询师的功能。

在这本书中，我尝试用一种全新的视角来整理临床心理咨询的实务，梳理咨询工作的步骤，理解咨询过程的进程，将理论知识与临床实践经验相融合。同时，我也会通过结合实际的临床案例和工作片段，帮助学习者识别临床工作中的具体问题，包括如何评估、如何概念化、如何进行干预等。最后，我希望可以帮助学习者建立起一套整体的概念框架。

我期待大家能在读完这本书之后多一些信心，相信自己有力量和希望成为更成熟、独立的咨询师，对于在这个领域的长久发展感到有期待和希望，可以成为更让自己满意的自己。

注：本书提及的案例，只为咨询师专业学习而用。案例都经过模糊处理，模糊了和个案有关的所有个人信息，如性别、年龄、职业等，只呈现其内在心理特征以及咨询互动过程。

目　录
CONTENTS

理解临床阶段

从单一理论、知识、技术的学习走向整合

临床阶段三大内容和挑战

外行看热闹，内行看门道。

心理咨询的工作看起来像是普通聊天，但每一句话都需要经过深思熟虑、每一个谈话环节、每一个步骤，或是评估，或是干预，或是稳固工作联盟关系，或是保持沉默，每句话（或选择不说话）都有其专业性的内涵。只有对临床工作的阶段了然于胸，才能够不迷失在纷繁冗杂的对话中，也不陷落于深层的情感情绪洪流中。

在临床实践中，每位咨询师都不可避免地会遭遇焦虑和混乱。新手咨询师常常会对诸如“糟糕，我下一句应当怎么说”和“我听不懂来访者在表达什么，继续提问会不会显得我很没水平？会不会看起来不够专业”这样的问题感到忧心忡忡。即便是有一些经验的咨询师，在面对咨询过程中的种种挑战时也难免紧张：面对滔滔不绝的来访者，应该打断他吗？当咨询进展顺利，来访者送来礼物时，如何婉拒而不损害咨询关系？我是否应该建议来访者寻求精神科医生的帮助？在理论指导实践时，有时需要共情，有时又需要面质或解释，我该如何权衡？

要思考并回答这些问题，我们需要理解心理咨询临床过程。心理咨询临床过程包括评估、概念化和干预。

在理论学习阶段，学习者会分别学习如何进行评估、如何进行概念化，以及各项干预技术。理论上，在咨询开展初期主要是进行评估工作，了解来访者主诉问题，搜集来访者信息。当咨询师完成初始评估以后，会对来访者进行初步概念化，理解并解释来访者问题的心理学成因。最终，在理论的指导下得出治疗干预的方案，确定后续干预技术。学习者通常认为从评估到概念化再到干预，这一过程一气呵成，依次发生，有逻辑性，也有秩序感。

然而，真实的临床过程并非如此简单。一方面，在理论学习和实际咨询操作中，评估、概念化和干预这三个方面存在一些理解上的差异。另一方面，这三个方面在临床工作中如何有机地、有序地整合在一起，是另一个值得探讨的问题。

评估是心理咨询工作的基石。大多数人熟悉的评估工作是指咨询师通过评估来了解来访者的主诉问题及相关内容。这包括了解问题的性质和严重程度，收集来访者的个人背景信息，包括成长经历、心理问题历史和家族心理健康史，人际关系、生活环境和压力来源，以及社会支持系统等。评估乍看是一个简单的信息收集过程，但实际上并非如此。评估工作中有一个与后续咨询过程密切相关的重要任务，即咨询师需要了解并回应来访者对心理咨询的期望和感受。具体包括了解来访者的咨询期望并与其讨论咨询目标，建立合作与信任的咨询联盟，提供必要的心理教育，并解释心理咨询的基本过程。与收集信息的实际工作相比，如何回应来访者并建立有效的工作联盟，是更为抽象的任务。这种“抽象”工作缺乏具体内容指导，缺乏结构性和方向性，因此也是咨询过程中最具挑战性、需要咨询师灵活应对并不断自我反思的部分。

概念化是基于评估信息，形成对来访者问题的理解和解释的过程。很多学习者对概念化的理解是一种狭义的理解，比如如何基于某个心理治疗的理论框架进行理论理解，如认知行为疗法（CBT）、家庭系统理论、精神分析等。狭义理解有助于对个案问题进行专业性的深入探讨，有助于专业人士内部讨论。通常在专业文献或学术报告里提到的个案概念化都是狭义的概念化。在课程或专业督导里对个案进行的具体讨论，大部分也是狭义的概念化。然而，在咨询过程中，概念化有一个更为广义的理解，而广义的概念化更适合帮助咨询师学习如何与来访者讨论他们问题的概念化。与来访者进行概念化的讨论有助于他们认识咨询工作的进展，提高咨询参与的动力，并稳固咨询关系。广义的概念化以来访者为中心，从来访者的角度出发，建构他们的问题，探究他们的好奇点，并试图从心理学角度帮助他们理解问题的根源。例如，是什么导致了来访者出现问题？为什么这个问题以前没有出现，最近却出现了？为什么别人有同样的问题，但很快就解决了，而在来访者身上却持续影响着他们？与来访者进行的概念化探讨旨在为他们提供咨询师专业视角的反馈。无论是咨询初期还是后续阶段，来访者都需要咨询师与他们探讨对其问题的概念化，并给予反馈。在第 2 章中，我将提到一个教学督导案例（小安）。在这个案例中，来访者的脱落与咨询师对个案概念化工作的不足有关。尽管咨询师的理论层面的狭义概念化充分且完善，但在帮助来访者认识到他们的问题的广义概念化方面做得还不够。这也是咨询过程中的一个重要挑战。

干预是在评估和概念化的基础上，制订和实施治疗计划的过程。对于初学者来说，干预的学习主要是关于咨询技术的，比如如何提问、如何表达共情、如何进行解释和分析等。然而，干预中有一个关键的技术，称为“判断时机”。这一内容的学习难以“纸上谈兵”，学习者必须在实战中进行学习。

除此以外，评估、概念化和干预这三大内容如何有机整合在咨询过程中，这对新手咨询师是另一大挑战。评估、概念化和干预这三大内容，在理论与实践中形成了一种错综复杂的关系，而非简单的顺序性展开。许多新手咨询师误以为这三个阶段应当严格按照次序进行，即：头 4 次咨询专注于评估，第 5 ～ 15 次着手概念化，第 16 ～ 30 次则进入干预阶段。这种线性思维导致了他们在初期咨询中仅仅只是评估，却未对来访者做出适当的回应，误信只有在完成全部评估后才能展开后续的概念化和干预工作，从而错失了早期介入和干预的良机。

实际情况是，在咨询的每一个阶段，咨询师都应同时执行评估、概念化以及干预。亦即：在最初的 4 次咨询中，就应当同时进行初期评估、概念化以及相应的干预；在第 5 ～ 15 次咨询中，应当进行中期阶段的评估、概念化以及干预；而在第 16 ～ 30 次咨询中，咨询师应当关注中后期的评估、概念化以及进一步的干预。每一阶段都应有其特定的评估内容、概念化修正和干预技术的适时调整。如果回顾经验丰富的咨询师的咨询小节，进一步深入分析每一次咨询的细节，便能观察到在整个 50 分钟的咨询过程中，咨询师实际上是在不断地进行评估、概念化以及决定如何干预的持续思考循环中。

事实上，在每一次的咨询过程里，咨询师都保持着对咨询目标、咨访关系的持续性、动态的评估，随着来访者呈现内容的增加，来访者也会抛出更多的与自我相关的问题，这是需要咨询师不断予以概念化理解并进行讨论回应的，而伴随着来访者的不同状态，咨询师在其中所采用的技术也会有所不同。

评估、概念化和干预构成了心理咨询的连贯过程，并且彼此之间存在着深刻的逻辑联系。然而，在实际的咨询实践中，咨询师往往不能完全预测咨询的发展路径，因为咨询进程需要根据来访者的具体情况灵活调整。

例如，如果来访者在咨询过程中情绪不稳定，咨询师可能需要暂时搁置评估工作，转而采用稳定化的干预技巧，以助来访者恢复情绪的平稳。另外，如果发现来访者在咨询的初期呈现出显著的防御性，那么咨询师应该优先建立起咨访关系，赢得来访者的信任。在此基础上，咨询师可以在评估和干预之间穿插进行必要的心理教育。无论遇到何种情况，只要评估、概念化和干预的流程被中断，咨询师就须寻找时机重新回到原先的工作流程。因此，想要成为一名合格的咨询师，理论学习远远不够，咨询师需要在实践中积累经验，并在实践过程中体验与学习。

为什么适应临床实习如此困难

临床咨询实践是一段充满挑战的旅程。许多学生在理论学习阶段表现优异，然而一旦踏入临床实习，便常常遭遇挫败和失落。他们惊讶地发现，现实中来访者的复杂多变远超课本案例，而且实际应用中的技术和干预手段往往未能达到预期成效。随着实践的深入，他们曾有的自信和确信逐渐消散，取而代之的是连绵不断的疑问与对自我能力的怀疑。

以下这些学生们提到的疑问，是否也是你心中的疑问？

- 谈话如何帮助来访者？我的谈话是有效、有用的吗？来访者不再回来咨询，这意味着我的工作有了成效，还是意味着我的工作是失败的？来访者一直稳定前来咨询，这意味着我的工作支持到了他，还是意味着我成了来访者另一种病态的依赖？
- 有的理论认为“谈话本身就是一种治愈”，我应该相信这种说法吗？这是否意味着只要热络地、积极地与来访者进行对话，就能帮助其完成自我成长的过程？
- 有的理论认为“谈话应该跟随来访者的自由联想”，这让谈话变得失去结构性，谈话变得分散、游离、没有重点，这也让前期评估变得困难，这是我的问题吗？
- 为什么我总是体会到强烈的挫败感，哪怕来访者给予正面积极的反馈，我也依然犹豫不决并自我怀疑？

为什么当新手咨询师开始临床实践之后，一切变得如此不同呢？这是因为学习理论技术和开始临床实践是两种完全不同的体验，也会带来迥然不同的挑战。即使是最杰出、最有自信的学习者，一旦踏入临床实践阶段，也会感受到巨大的冲击和失控。就像一叶扁舟在平静的湖面上自由漂荡，但当扁舟驶入海洋时，面对汹涌的波浪和无垠的海平面，人们会感受到巨大的不确定性。

首先，在基础理论学习时期，理论知识和技术呈现出有主题、有结构、有体系的特点。老师会以有序的方式向学习者传授理论知识和技术，并使知识之间的内在逻辑更易于理解。然而，在临床过程中，由于咨询师和来访者之间的互动，访谈内容呈现出一种自然的随机性，这种随机性会带来无序和混乱的感觉。当学习者无法在短时间内从这些自然而随机的互动谈话中发现内在隐藏的逻辑（内在心理动力）时，就会感到迷茫、混乱、难以适应。

其次，在理论学习时，所有的心理议题都是单纯且独立的，老师会将人类的心理问题按照分类讲解。然而，在临床情境下，问题是相互关联的。例如，在临床中，情绪障碍的来访者往往都面临人际关系的困扰。这不仅仅是一个情绪问题，还涉及人际关系问题，甚至可能是原生家庭问题。再比如人格特性，在学术的角度，我们倾向于将不同的心理和行为特征归入清晰的类别。然而，人格的实质远比理论上的分类要复杂得多；我们很少遇到完全符合特定类型的人格的个案。大多数人的人格特质都是多元并存的。即使是被归为同一类别的个体，如“边缘型人格”“自恋型人格”或“强迫型人格”，每个人的实际情况也都是独一无二的。他们可能在某些心理行为模式上表现出一致性，但对于相同的咨询干预可能会有截然不同的反应。

临床过程中问题的复杂程度远高于理论学习时的情况，

这会给学习者带来巨大的认知压力，好像瞬间被无数问题所淹没。甚至一些学习者会陷入逻辑的陷阱，不断纠结于“先有鸡还是先有蛋”的问题，试图理智分析各种问题之间的逻辑关联。一旦咨询师陷入这个陷阱，咨询过程就会陷入僵局，咨询师也会感到困扰和挫败。

再次，对初学者而言，在临床实践的高压环境中保持冷静是一项挑战。在理论学习时，学生只需要用头脑学习，对知识进行思考、分析和理解的过程并不会引发大量情绪体验。然而，在临床过程中，与来访者的互动会引发咨询师强烈的情绪体验。这些情绪可能是对来访者情绪的共鸣，抑或是触及了咨询师自身的情感议题。可以确定的是，这些情绪无疑会对咨询师的临床实践表现产生影响。

最后，中国的应试教育特点会对心理咨询师的学习过程产生一定的影响。中国的教育体系注重对学习者头脑的训练，学生们往往具备“即使不理解也可以背下来”“即使不懂也可以照做”的能力。然而，这种应试能力可能会妨碍学习者反思能力的发展，导致他们在临床实践中缺乏灵活变通的能力，这会让学习者感到沮丧。心理咨询师的工作并不是机械地照本宣科，也不能仅仅通过执行某种操作手册来完成。如果学习者总是按部就班地执行书本的内容，就无法真正像一名心理咨询师一样思考，也无法成为一名真正合格的心理咨询师。

我常常问我的督导生：“你当时这么做或说的原因是什么呢？”然而，我担心听到的回答可能是：“因为老师说要遵守设置，所以我这样做了”或者“我在书上看到这个案例就这么做了”。在心理咨询领域，存在许多专业伦理规范和咨询设置规范。理解和遵循这些原则是确保咨询顺利进行的前提条件，但不能止步于此。作为学习者，除了了解规则本身，还需要了解其背后的原因和意义，做到“知其然，也知其所以然”。因此，咨询师需要不断积累咨询经验，理解伦理要求和规范的意义，而不是僵硬地照搬知识。只有充分理解这些规则和规范背后的含义，深知这些限制如何确保来访者的福祉、如何保护咨询师的职业发展，咨询师才能真正学会在临床情境下灵活运用与变通。

如何走向整合：脑与心的碰撞

心理咨询师临床实践的学习目标是实现认知与情感的整合。通过与来访者的临床工作，心理咨询师能够将抽象的概念、术语和理论与具体、生动且复杂的个体相互对应。通过所学、所见、所听和所感，建立起一种体验性的联结，并最终整合已有的理论知识和技术。为了达到这一目标，学习者需要以全新的视角去理解临床工作的本质，将自己从学者转化为匠人，并从“用头脑学习”转变为“用体验学习”。

国外的书籍通常使用“用经验学习”这个术语，其实与我提到的“用体验学习”没有本质上的区别。我之所以选择使用“体验”一词，是因为在中国人的用词习惯中，“经验”更多地涉及认知和理性层面的概念，而“体验”则更强调感受和感觉层面的经历。因此，“用体验学习”强调的是通过亲身体验和感受来学习和成长。

对于新手咨询师来说，所建立的头脑理性和内在感受性的联结越强，他们就能更快地适应临床实践的学习过程并快速成长。有些学生在理论学习阶段难以深刻领悟，但他们在临床实习期间却能够与来访者建立紧密的联系和共鸣，得到来访者的良好反馈。这些学生往往自身具备较强的情绪感受能力，善于运用直觉和感觉去进行工作。因此，当我问督导生"你当时为什么这么做"时，我更喜欢听到督导生回答："我不知道为什么，我下意识就这么做了。"这是因为他具备直觉，而且有勇气跟随自己的直觉。尽管直觉并不总是准确的，特别是当咨询师对自我内在世界觉察不足时，直觉可能会受到个人情结或反移情的影响。然而，当咨询师能够察觉到自己的直觉时，就意味着他们不仅与自身头脑的理性部分建立了联系，还与精神性和感受性的部分建立了联系。保持这种联系非常宝贵，也是大部分新手咨询师需要培养的能力。

那该如何进行体验式学习？

首先，学习者要在临床实践过程获得"原来如此"的感觉。

在我刚开始实习受训时，我时常会发出这样的感慨：

- "原来这个体现了他的抑郁。"
- "原来这种表现是躁狂。"
- "哦，原来这个是我的反移情。"
- "原来这个过程是投射性认同。"
- "原来这个内在过程是分裂与投射。"

在这里，“原来如此”的反应意味着我终于领悟和理解了之前所学内容的本质。就像一个从未亲眼见过飞机的人，虽然听说过无数次飞机的样子，也反复想象过飞机的模样，但直到有一天真正亲眼见到飞机，才会产生一种“原来如此”的感慨。

其次，学习者需要在督导的支持下辨识并信任自身的情感，并且有信心跟随这些感受开始工作。在与来访者工作时，我们常面对众多不明确、模糊甚至真假难辨的信息。当逻辑分析不足以支撑我们时，直觉和感受便成为咨询师最可靠的伙伴。回想职业生涯初期，我的督导对我最大的帮助就是帮助我确认自己的感受，并引导我依靠直觉行事。如果我的直觉告诉我需要相信督导的判断并采取某种干预措施，我会勇敢尝试，但之后会小心求证；如果我的直觉告诉我应该相信自己当下的感受，挑战书本上的某一原则，我也会勇敢地尝试，并做好承担后果的心理准备。起初，依据直觉进行咨询可能看似缺乏科学性和专业性。然而，随着时间的积累，我学会了从科学和专业的视角理解那些直觉和感受，这正是我的督导过去不断努力教导我的。

咨询师需要在“心”与“脑”之间找到平衡，情感丰富而言语表达却要理性透彻，做到有理性地思考，有情感地讲话。心理咨询类似于一项双线程任务，可比作电脑的显示屏与后台程序的关系。咨询师同来访者的交流要像用户界面一样直观明了，也就是通俗易懂的“说人话”。然而，就如后台程序包含复杂算法和专业编码，仅专家可操控，咨询师内心的思考过程亦需要专业性与深度。咨询师的内在思考过程是专业而复杂的，他们需要使用专业术语来理解和处理来访者的问题。专业术语构成了咨询师的内部语言，有助于他们理解咨询过程中的各种现象。咨询师说的话从来不同于普通人聊天，想说什么就说什么。咨询师需要经过思考，思考自己应该说什么、不应该说什么。有时还需要反思之前的想法是否有误，为什么自己只能停留在对来访者想法的思考而无法产生任何感受，以及这种情况代表了什么。这些都是咨询师内心在思考的问题，然而，并非所有的问题都能直接向来访者表达。

最后，“用体验学习”意味着心理咨询师需要投入大量的情感能量，真挚的热情、创造力和生命力的流动。不同于纯粹的知识学习，体验式学习更强调感知并利用自身情感能量，觉察内在的创造潜力，唤醒生命的动力。对众多咨询师而言，这可能是一项颇具挑战的任务。

我会在本书后续章节，从理论出发并结合众多案例讨论，帮助学习者建立一种脑与心、理性与感性的联结，为新手咨询师建立一张工作地图，全面了解心理咨询的过程。

开始谈话

做好初始评估

初始评估阶段的评估、概念化和干预

心理咨询师在开始谈话后便开始进行初始评估，通常初始评估会持续 4 ～ 5 次。这个过程既要评估来访者所带来的问题，也要评估来访者这个人。咨询师要根据几次搜集的初始评估的信息对咨询进行第一阶段的概念化，并且做出相应的干预。

⌘ 初始评估阶段的评估

初始评估要关注两个问题：①评估来访者的问题；②评估来访者这个人。

评估来访者的问题包括：充分了解求助问题的类型、严重与否、危机程度。

评估来访者这个人包括：通过言语或非言语的信息评估来访者的自我功能、反思能力、求助动机、建立关系的能力等。这是对来访者人格发展维度的初步评估。

在这个阶段评估的挑战有二。一是如何有轻重缓急地进行评估，二是在于如何将评估融入谈话之中。一个好的咨询师可以不动声色地进行评估，可以将评估融汇在谈话过程中，不刻意、不矫情，让来访者感受到一种亲切，感受到被共情，也感受到一种专业的力量。

⌘ 初始评估阶段的概念化

在初始评估阶段所进行的概念化是帮助来访者确定咨询目标。通常来访者带来的是咨询主诉问题，但这未必是咨询目标。咨询目标是求助者所描述、所期望的结果，是评估过程中确定求助者问题后的直接结果[1]。如何通过来访者的问题进而确立咨询目标，这是初始评估阶段的难点。

之所以很多咨询师会在确立咨询目标上遇到困难，是因为他们忽略了“确认问题是什么”，而忙于去寻找“为什么有这个问题”。

许多咨询师在概念化这个问题上非常纠结，他们迫切地想要早点儿知道来访者怎么了，来访者为什么会有这个问题，但是又觉得当前所搜集到的信息不足以充分了解来访者到底怎么了，他们卡在了这个问题上，并且执着地希望督导师帮助他们在早期就分析并且确认来访者怎么了。

常有一种误解，以为了解了问题的本质就掌握了解决之道。这在某些情境下可能成立，但在心理问题上往往不适用。人们懂得很多道理，但是依然过不好生活。很多时候，人们迫切想知道怎么了，所求的只是一种心理安慰，安慰自己不要在未知中感到恐慌，但安慰并不是治疗。所以，咨询师早期的工作不应该专注于去确认和分析来访者怎么了。

我认为，咨询初始阶段的工作是向来访者确认他们自身的痛苦，并且确认这些痛苦是一种心理层面的痛苦，这些痛苦有机会通过心理咨询而获得缓解。确认来访者的痛苦，并确认有哪些痛苦，这可以帮助来访者真正愿意投入并参与到长期的心理咨询过程之中。然而，这一确认过程可能非常困难，因为来访者可能会出于防御而否认自己的痛苦，或者如同评价周围人那样对自身的内在痛苦体验进行评判和批评。

一旦批评的声音响起，自我接纳便无从谈起，而这才是咨询师真正应该敏锐察觉和予以干预回应的。

⌘ 初始评估阶段的干预

这里的干预并不意味着干预来访者的主诉问题，或者帮助来访者获得心理学层面的领悟。这阶段的干预主要是处理危机、进行必要的转介。当咨询师评估到来访者可能有严重情绪障碍或精神病性问题时，要及时进行医疗转介。如果来访者对于就医或服药有顾虑和担忧，咨询师应进行心理教育或对来访者的焦虑和担忧进行探讨。如果来访者的困扰不至于引发危机，也不必须通过药物治疗，咨询师的干预工作就是去引导来访者确认他们的心理痛苦。同时，咨询师还要帮助来访者建立信心，让其相信通过咨询对话，他们不仅能够缓解这些痛苦，还能更深层次地理解自己的内心世界。

初始评估阶段的工作看似简单，但在我的教学和督导中，我发现有很多新手咨询师在初始评估阶段会遇到很多问题。

新手咨询师易出错的问题

⌘ 忽略对情绪问题的评估

随着互联网发展，越来越多的人开始关注心理问题，越来越多的来访者会因为自己的情绪问题前来做咨询。然而当我们的来访者说“我抑郁了”“我最近非常焦虑”时，他们未必清楚自己所说的“抑郁”“焦虑”到底是什么。抑郁和焦虑是一种情绪状态，但是我的抑郁和你的抑郁也许不是一种抑郁状态，因为情绪状态是有强度和出现频率的区别的。当作为咨询师听到来访者描述自己情绪状态的时候，需要对情绪状态进行详细的评估。如：

- 情绪出现的诱因是什么？（你能说说发生了什么让你出现抑郁情绪吗？）
- 情绪出现多长时间了？每次出现会持续多久？（你感受到抑郁有多长时间了？出现抑郁后多久会有所缓解？）
- 情绪严重程度如何？是否有自杀风险？是否影响日常生活或自我功能？（你能描述你抑郁的感受吗？当你非常痛苦的时候，你想自杀吗？你的抑郁会如何影响你的生活？）

我注意到当一些来访者在主诉中提到自己有情绪问题时，咨询师容易关注对情绪问题的评估，但如果来访者的主诉中没有情绪问题，或者来访者自己也意识不到自己存在情绪问题的时候，新手咨询师极易忽略对情绪问题的评估。有的来访者极易捕捉到自己在关系中的问题，或者某个现实层面的挑战，却未能发觉自己的情绪正趋于不稳定甚至有崩溃的迹象。这类来访者很容易将谈话引向一些具体事件的讨论，而让咨询师忽略了对其情绪问题的关注。

我曾经遇到过一位来访者。他来找我咨询时，已经在另一位咨询师那里咨询了一年，但并没有感受到太大的好转。他告诉我他要解决的问题是他自己一直在人际关系上存在问题，不擅长与人交流沟通，这导致他总是觉得生活没有动力、没有热情。然而，在几次和他的谈话之后，我发现他的不快乐感来自他长期存在某种抑郁情况。这种抑郁发展变化得很缓慢，但蔓延在他整个生活之中，吞噬了他对生活的热情以及积极情绪。当我问他“你有多久没有感到开心了”时，他非常认真地思考了一会儿，惊讶地发现自己竟然已经想不起来上一次感到开心是什么时候的事情了。后来，我对他的情绪状况做了更详细的评估，并建议他在接受心理咨询的同时接受药物治疗。在他服用抗抑郁药一段时间后，有一次他非常高兴地告诉我，这一周居然在生活的不经意时刻感觉到了快乐。他一度以为自己再也不会快乐起来了。在他的理解中，自己的不快乐是因为没有足够令他满意的人际关系，所以他一直试图处理关系层面的问题。他觉得上一段咨询没能让他有太大好转，是因为咨询师没有有效地帮助他处理关系层面的问题。事实上，上一位咨询师带给他许多帮助，但来访者感觉“没有太大好转”的部分，或许是因为咨询中忽略了对来访者逐渐呈现的抑郁情绪的评估和干预。无论咨询处于早期还是已经进行了几年，咨询师都要不断地、敏锐地捕捉来访者此时此刻、当下、近期的精神和情绪状况，评估是一个贯穿咨询始终的工作。

关注来访者的情绪问题并不意味着只关注评估或诊断，还体现在咨询师是否会敏感捕捉到并充分共情来访者呈现出的情绪与情感状态。下面，我用一个简短的咨询对话片段来说明上述问题。

来访者：这几天我的闺蜜来上海找我，按理说我应该挺高兴，但我真心觉得那些都好没意思，我完全没心情。但我也不想扫我闺蜜的兴。幸好老天爷帮我的忙，下了雨，所以我们就不用去迪士尼了。我带着她看了个电影，吃了个饭。她不是第一次到大城市，所以她没觉得多么稀奇，她觉得这里和她家那里也没什么区别。

咨询师：是什么原因让你想带她玩一下呢？

来访者：我们是多年的朋友了，她好不容易来一次，我也希望她开心。我本来是想有活力地带着她玩，至少我本意是这样的。

咨询师：那你的困难到底是什么呢，是什么原因让你做不到？

来访者：就是感觉我没那个心力，对好多东西都觉得没意思，很无聊。即便是旅游，也无法脱离生活的本质。我觉得人类生活终将都会趋于平淡和无聊。我觉得很多关系都挺无聊的。你说人为什么要结婚呢？不外乎就是两个人过日子更实惠方便。两个人点菜就比一个人点菜方便。也许很多人结婚也只是为了找个人搭伙过日子吧。我觉得像我现在这样浑浑噩噩地过日子也没什么不好。这也算是一种幸福。

咨询师：幸福什么呢？怎么幸福了？

在这个片段中，咨询师提问并尝试深入理解来访者的想法，但唯一忽略的是对于来访者所呈现的情感情绪状态的回应。在对话中，来访者提到“没意思”“没心情”“没那个心力”“对好多东西都觉得没意思，很无聊”“浑浑噩噩”，这些话看起来很随意、很普通，甚至就像一种吐槽。但实际上，我们应该敏感地感受来访者说的每句话和每个词所传递的含义。从上述的这些描述来看，来访者不开心、不愉快，甚至可能有些抑郁。她随后发表的对于人类终极发展的一系列言论可能也是一种忧郁状态下的人的样子。只是这种阴郁与忧郁在对话之中显得非常微弱和不起眼。

倘若咨询师能够捕捉到这些情绪，并且尝试回应“听你讲的这些，我感觉这些天你过得并不开心”，也许能将一段理性对话引入一个情感性的氛围之中，从而深入来访者的内在情感世界。

⌘ 忽略对来访者心理痛苦的理解

与第一种情况相反，有些咨询师局限于情绪症状及其解决方法，而忽视了倾听和理解这些症状的根源，也忽略了来访者一直存在的心理议题。这个问题对咨访关系的影响是致命的。即使咨询师准确评估了来访者的症状问题并提供了干预建议，但由于来访者未能感受到足够的共情和倾听理解，他们可能会感到失望并选择终止咨询。

一位新手咨询师向我报告了她的实习案例。她评估认为来访者的抑郁问题非常严重，虽然没有自杀风险，但已经严重影响到来访者的日常生活和工作。在咨询中，咨询师建议来访者寻求精神科医师的帮助，并考虑服用药物。然而，来访者对于服药持有抵触和恐惧情绪，并表达了希望通过自我学习和咨询来改善状况的愿望。

我与咨询师一起回顾了整个咨询过程，发现当咨询师在最初准确地抓住抑郁问题时，她也陷入了自己的评估结论之中。当来访者拒绝咨询师的建议后，咨询师尝试从各个角度对来访者进行心理教育，希望说服来访者接受自己的评估结论，但始终遭到来访者的拒绝。

然而在咨询师进行的两次咨询中，该咨询师并没有对来访者所谈及的生活和人际关系里的痛苦进行深度共情。咨询师只是听到了这些信息，却没有关心和好奇来访者为什么总是难以与人相处，为什么觉得家人和恋人不关心她，为什么工作总是做一阵又停一阵。咨询师只关注了抑郁症状，却没有关注来访者到底遇到了怎样的生活困境。

如果我们不能深入了解这些细节，而只是回应一些表面的共情措辞，如“你确实不容易”“你感觉不被支持”“我觉得你已经很努力了”，那么这种共情是表浅的。

咨询师未对来访者的痛苦感兴趣，因而未对来访者进行进一步评估，包括评估来访者在关系中的模式和心智功能等。如果只停留在关注症状，并希望来访者接受建议以解决症状，这可能导致咨询关系陷入僵局。

在任何时候，咨询关系都应是首要考虑的问题，特别是在访谈初期，当来访者拒绝或存在阻抗时，我们应该反思与来访者的咨询关系是否安全和可信，以及来访者是否感受到被充分理解和关心。如果我们似乎关心来访者，实际上只关注我们自己认为重要的事情，忽视了来访者真正关心的问题，那么很可能会重复来访者早年被忽视的创伤。

因此，如何在关注症状和问题的同时，关注来访者内在的心理冲突和困惑，这对于新手咨询师来说在咨询初期总是难以平衡的。

⌘ 忽略与来访者讨论咨询目标

思考咨询目标对于咨询师而言不仅能增进对来访者问题的洞察，而且有助于加深咨询关系。在设定这些目标时，咨询师需要整理信息，并从心理学的视角理解来访者所面临的挑战，这一过程促进了咨询概念化的开始。进一步地，当咨询师与来访者共同讨论这些目标时，可以让来访者清晰感受到咨询师的专业性——我们不仅仅是在“聊天”，而是在进行一项探索与反馈的专业工作，这一过程是受到来访者欢迎的。

许多新手咨询师持有这样一种观点：在长期的心理动力学治疗中，讨论咨询目标似乎没有必要，尤其是当目标聚焦于人格层面上的改进时，他们认为这样的讨论无济于事。这实际上是对心理动力学治疗的一种误解。心理动力学治疗不仅深入探讨和挖掘来访者的深层人格问题，而且也致力于改善症状。在这个治疗框架下，症状的缓解同样被视作一个重要的咨询目标。咨询师并不满足于仅仅关注症状改善，他们还会把来访者的深层人格问题分解为一系列小的、具体的咨询目标，比如提升情绪调节能力、解决自尊问题，以及处理与父母的关系分离等议题。

接下来我将讨论一个案例。来访者是一个女大学生，21岁，她因为初恋与她分手前来咨询，在她的咨询预约单中她提到自己来自单亲家庭，早年丧父，一直与母亲生活在一起。

当知道她早年亲人离世的背景信息后，我们便不会将失恋简单看待为一个孤立事件。因为对来访者而言，分手所引发的丧失感远不止当下这些悲伤和痛苦。当前分手的经历可能会在无意识层面勾起她早年经历中对父亲去世的丧失感、孤独感甚至是恐惧感。

在与她的咨询过程中，我们会多方面考虑问题：一方面，我们会通过支持性策略来处理她当前因失恋带来的情绪动荡，专注于帮助她稳定情绪，审视这段过去的情感联结，并对这一失去进行哀悼；另一方面，我们会在合适的时机探讨她的家庭历史，以及她对父亲离世的感受，评估她的自我觉察和反思能力，与她一同探索是否存在着早期的丧失创伤，并视情况将这作为长期咨询的目标。

同时，失去一段关系常常会牵动人的自尊心。在了解她的关系问题的同时，我们也会细致观察她的自我价值感。如果发现她可能存在自尊问题，我们将会提出这个话题，并与她共同探讨，是否愿意将其作为另一个咨询目标。

两个初始评估失误的案例

在我的教学工作中，我为我学生的成功而喜悦，但我也很为他们的失败而喜悦，因为失败往往会带来深刻的经验。只要失败不成为一种创伤，那失败就有可能带人走向成功。

我在这里分享两个评估失误的案例，希望这两个案例的失败经验能够让学习者了解：①如何进行有效的评估，避免过于感性的评估或过于机械的评估；②如何向来访者呈现评估对后续心理咨询工作的意义。

⌘ 案例一

这是一位刚开始实习不久的新手咨询师报告的实习案例。

来访者化名小晨，是一名 17 岁的高中生，她自述感到生活压抑，家人对她不理解，也认为她并未遇到特殊困难。她提到自己学习成绩不佳，无论她如何努力，都在班级中排名垫底。她在班级中感到自卑，难以交友，同时在与亲友相处中也感到胆怯，不敢表达自己的情感。她希望通过心理咨询寻求帮助，以缓解情绪压力。

咨询师感觉与来访者建立了良好的咨询关系，她觉得来访者对自己十分信任，两人之间的沟通非常顺畅而自然。咨询师对与这位来访者的对话感到非常愉快。

在进行了 40 分钟的谈话后，咨询师告诉这位高中生，她认为来访者并没有严重的心理问题，也不需要进行心理咨询，而是需要一条可以倾诉情绪的心理热线。咨询师在最后向来访者推荐了一些免费的心理热线服务。

以下是我和这位新手咨询师的部分讨论对话。

督导师：你能谈谈关于这个个案你想督导的问题是什么吗？

咨询师：这个咨询我觉得做得还不错。但是我不太确定我告诉来访者“你可能并不需要心理咨询”这句话对不对，我讲的这句话是否合适？

督导师：这是个好问题，要回应你这个问题，我们需要回到评估的问题上。你对来访者说这句话是基于你怎样的评估结果？你是如何评估这位来访者的？

咨询师：（非常惊讶）评估？我不知道自己怎么评估的。我完全没想过这个问题。

督导师：那你是如何得出“你不需要心理咨询”这个结论的呢？

咨询师：我是依据我的感觉。这个来访者全程笑嘻嘻、乐呵呵的，和我谈话也很愉快，她很健谈，她完全不像我遇到的其他焦虑的来访者那样，所以我并不觉得她的问题很严重。她很想讲话，可是她又无法和家人讲，所以我觉得提供一个心理热线就可以满足她的需求。

谈到这里，我意识到这位咨询师犯了初学者常见的错误，即过于依赖自己的感觉而忽略了专业的评估过程。在咨询师与来访者的工作中，咨询师在完成评估工作之前就向来访者提出建议，这存在一定的风险。

专业的心理评估需要完成两个方面的评估内容。首先，充分了解来访者所面临的问题，包括问题的类别、严重程度和危急程度。其次，评估来访者的个人资源，全面了解其求助动机、自我功能、反思能力和社会情感支持等方面。

评估问题

在这个案例中，来访者面临着两个主要问题：学习成绩不佳和人际关系不良。对于一名高中生而言，学习成绩不佳是一个重要的问题，尤其对于一个努力学习的学生来说，这种情况会引发极大的焦虑和挫败感，对她来说是非常痛苦的。此外，对于正处于青春期的孩子来说，无法交友、缺乏同伴的支持和认可会带来非常孤独和痛苦的感受。来访者在学校感到不快乐，一切事情似乎都不顺利。如果一个人在学校遇到困难，我们更需要关注她在家中的情况。遗憾的是，她在学校不快乐的同时，在家中的情况也不尽如人意。她所经历的一切无法得到家人的理解和帮助，让她感到非常无力和无助。当我们评估来访者所面临的问题后，我们会发现来访者的问题已经非常严重，她迫切需要专业的帮助。

评估个人资源

从评估来访者的个人资源角度来看，我们注意到来访者具有强烈的求助动力，但她可能没有良好的心理功能。尽管她的问题已经很严重，但她的情绪表现却显得很轻松，甚至让咨询师难以察觉到已有的焦虑。这表明来访者的情绪和情感与外界相隔离，这是一种心理防御机制，限制了她对自身的觉察。我们目前还不清楚为什么来访者会表现出这种情况，但这会让她的处境更加困难，因为她轻松愉快的情绪状态很容易误导身边的人，使他们无法察觉到她真实的情绪状态。这可能也是她身边的人无法重视她的问题的原因之一。

咨询师的失误

评估过程像侦探工作，咨询师要透过表面看到问题本质，通过蛛丝马迹揭示深层问题的逻辑关系。当来访者有强烈的意愿来咨询，却看似是无病呻吟的时候，那一定意味着他遇到了巨大的问题。这些问题无法以言语、合理且易理解的方式呈现和表达。但一定有很大的问题。

动力学咨询师不仅分析表面的言语，更深入探寻那些不寻常的感受所代表的深层含义。咨询师感到来访者似乎并无大碍，这是咨询师的反移情，这种感觉可能与来访者的父母认为“她并未遇到特殊困难”的态度不谋而合。然而，该来访者的求助意愿却异常强烈。如果咨询师能够意识到这一反移情的出现，并感知到它所引发的冲突和矛盾，就会开始反思并怀疑。

在这一案例里，互补性反移情造成了一个显著的盲点，咨询师未能充分警觉到问题的严重性，也没有意识到自己的反移情是如何影响着评估和判断的。这无疑是个失误。咨询师或许无法完全规避反移情的出现，但我们能够通过增强对自身反移情的意识与觉察，并在采取任何行动之前进行深思熟虑，减少失误的发生。

⌘ 案例二

这个案例是由一位有几百小时临床经验的咨询师报告的个案。

来访者化名小安，是一名 30 岁的单身女性，现在生活在深圳，从事互联网金融方面的工作，工作稳定。她主诉有情绪、行为和人际关系的问题。她提到自己会经常熬夜，总是想吃东西，总是感到悲观，对生活提不起兴趣，朋友很少。大概半年前，由于部门换了一位领导，她不适应新领导的领导风格，一度感到痛苦。她开始关注内心变化，通过对一些心理书籍的阅读，她发现自己和父母的关系有很大的问题，她觉得自己的性格深受父母教育的影响，她的母亲是焦虑的，也是以自我为中心的，很在意个人所焦虑的事情，而很少关心来访者所思所感。她希望自己可以摆脱熬夜的坏习惯以及解决悲观情绪的问题。

报告案例的咨询师（M 咨询师）是一位具有动力学背景的整合取向咨询师。

小安与 M 咨询师进行了 12 次咨询。从第 3 次咨询开始，小安开始询问咨询的进展情况，她对咨询是否能够对她产生作用感到焦虑，她觉得咨询师好像没有做什么。咨询师以真诚的态度给予心理教育，小安的焦虑有所缓解。尽管在咨询中，小安向咨询师透露了她过去和家庭的许多事情，但这并没有使她感到情绪得到释放和减轻，相反，她感到情绪压力更大。咨询结束后，她还会沉浸在回忆里的情绪中，长达一个多小时无法缓解。在第 9 次咨询时，小安觉得咨询让她情绪疲劳，她向 M 咨询师反馈了这些情绪状态。M 咨询师告诉她这是咨询过程中的正常阶段，情绪的表达和展现并不是坏事。在第 11 次咨询时，小安提出想要暂停与 M 咨询师的工作，并希望换一位认知行为疗法的咨询师继续工作。M 咨询师表示理解，并提议安排最后一次会谈作为结束，小安同意了，并在第 12 次咨询后暂停了与 M 咨询师的工作。

M 咨询师希望得到督导的帮助，以便理解小安脱落的原因。M 咨询师认为，小安的脱落源于她对内在情绪痛苦的不容忍、不耐受。小安在咨询过程中触及了她长期压抑的与父母相关的情绪，但她无法承受这种痛苦，因此选择离开咨询，这是阻抗。M 咨询师认为小安的离开也表明她的问题与原生家庭密切相关，她确实需要在咨询中更多地处理与原生家庭分离相关的议题。

在与 M 咨询师的督导中，我很认可 M 咨询师对于小安的概念化分析，我认为分离个体化的问题是小安的核心问题。她与原生家庭的关系中存在的矛盾和冲突在无意识中反复出现在她与新领导之间，她与新领导的关系中出现的问题反映了一种对父母的移情关系。她无法意识到自己与父母之间的客体关系模式以及她对父母压抑的情绪，而这部分投射在了她与领导的关系中，在新的关系中出现了情绪症状。

但接下来我们要关注的另一个问题是：如果咨询师的概

念化分析没有问题，那为何小安会脱落？

咨询师的失误

如果M咨询师的分析没有问题，那小安为何会脱落？我认为M咨询师的失误有三点。

第一，咨询师缺乏对情绪症状的评估和回应。

在咨询师的评估中，她从动力学的角度对来访者做了狭义概念化评估，但遗漏了来访者最关切的问题——“希望自己可以摆脱熬夜的坏习惯以及解决悲观情绪的问题”。初期评估应充分关注并探讨来访者的外显行为和情绪症状。将熬夜视作一个坏习惯可能掩盖了更深层的问题，如熬夜可能是失眠的表现，失眠往往是深层焦虑的反映，表明其大脑无法放松。结合悲观情绪、失眠和人际支持的缺乏，我们可能正面对一个潜在的抑郁问题。在确认来访者是否存在抑郁情绪时，我们并非为了第一时间推荐其就医或服药。很多来访者寻求心理咨询的原因恰恰是希望通过交谈缓解情绪困扰。然而，一旦我们识别到可能的抑郁迹象，就能够更深刻地共情来访者在这种心境下的内心体验。抑郁可能不是一个剧烈的情绪波动，但它能无情地耗尽人的活力，让人感到被孤立、无助，且无能为力。

第二，咨询师缺乏足够深度的共情和情感回应。

M咨询师与小安的互动为我们提供了一个新的评估视角：小安正身处于一种脆弱和无助的境地。在咨询的过程中，咨询师应谨慎避免让她进行无节制的自由联想，以防她陷入深层的焦虑。此外，咨询师应当减少沉默的间隙，这样的沉默若不适当，不仅不会引发富有成效的思考，反倒可能加剧小安的不安和困惑。小安展现出的脆弱性，特别是在进行自由联想之后出现情绪耗尽的情况，这提醒咨询师，当前阶段小安并不适宜进行探索性的工作，咨询师不宜给予她过多的空间。小安需要在咨询中被稳固地抱持、得到充分的支持，并感受到咨询师的持续且敏感的回应，感受咨询师坚实的存在。

当小安表达在咨询结束后 1 ～ 2 小时内仍难以调整自己的情绪时，咨询师需要予以特别关注。如果来访者在情感宣泄后不仅未感到舒缓，反而感受到极度疲惫与情绪上的虚空，这是一个提示，暗示来访者可能正在经历与过往事件相关的二次创伤。咨询师应对此信号保持敏感，并采取相应的干预措施。咨询师可以考虑放缓咨询的步调，与来访者一起细致回顾咨询内容，并在每次咨询结束前安排 5 ～ 10 分钟的时间进行总结和回馈，从而帮助来访者在此过程中更好地厘清情绪，对情绪做一个收尾工作。

在与小安的 12 次咨询会话中，她多次发出了求助的信号。这些信号不仅表现出对被帮助的渴望，也反映了对咨询关系的担忧。M 咨询师投入了巨大的努力，表现出了对来访者的深度关怀，并真诚地回应了小安提出的每个问题。然而，M 咨询师在回应时未能深入探讨来访者的情感体验，而是停留在相对理性和认知的层面，因此未能在情感层面与来访者形成共鸣。当咨询师仅从分析角度接近来访者，却忽视了深层次的情感体验时，其效果便如同法医对待解剖对象一般，忽略了人的情感和人性。即便分析合乎逻辑，来访者也往往无法感受到真正的理解和关心，这种缺乏共情可能导致来访者在咨询过程中体验到负面的移情，重演了在母亲那里得不到情感回应和认可的无力和无助感。这种沉重的失望可能是她决定结束咨询的一个重要因素。

下面，我举例说明理性和认知层面的回应与情感层面的回应的区别。

咨询师在理性和认知层面的回应，如“我很感谢你向我表达你的担忧，但咨询有一个过程，我们需要一些时间去了解你的情况，并找到对应的解决办法。你当下所经历的这些情绪也是非常普遍和可以理解的”。

咨询师在情感层面的回应，如“最近你多次询问咨询的进程，我可以感受到其中的焦虑和不安。尽管我们知道咨询不是一蹴而就的事情，但当你在咨询中体会到一些强烈的情绪，甚至在咨询结束后，这些情绪也挥之不去时，你感觉自己相当脆弱，这种脆弱的感觉是令你恐慌不安的，你真的很希望早日摆脱这样的心境状态”。

大部分的来访者并非“不知道”，而是“感受不到”。如若要唤起来访者内心的感受，咨询师应该对其内在的脆弱性、自我崩解的焦虑、情感的空虚和缺失，以及孤独感提供大量的共情性回应。共情不仅是倾听的技巧，也是一种干预手段，它不仅涵容来访者的焦虑，更通过解释促进理解[2]。面对有着极端脆弱的内在自我结构和功能的来访者，咨询师不仅要涵容这些焦虑，还需要在关键时刻提供支持性的干预，比如适时地放慢咨询进程，以防止来访者在难以承受的焦虑和无助感中崩解。

第三，咨询师没有及时给予来访者评估性反馈。

在进行了 4 ～ 5 次咨询会话后，向来访者提供专业的评估性反馈可以显著提升他们对咨询的认同度[3]。这一做法有助于明确咨询目标，巩固咨询关系，为后续的咨询工作奠定坚实基础，并有助于减少早期中断咨询的可能性。

了解咨询的进展对来访者至关重要，他们期望理解咨询师对其问题的专业见解。当来访者对咨询师的咨询工作存疑时，及时的评估性反馈尤为关键。对此，咨询师可以分享咨询的当前进展和未来的重点，同时提供对来访者问题的心理学解释。举例来说，如果咨询师注意到来访者小安存在情绪问题，应该邀请她探讨这一话题，并明确指出帮助她调节情绪可以成为接下来咨询的焦点。这种方法能增强小安的确定感和掌控感，避免她陷入空虚和无助的情绪泥潭。

在咨询初期向来访者提供评估性反馈，也是进行广义上的概念化工作的一部分。与狭义的概念化工作不同，广义上的概念化工作是以来访者为中心的讨论，因此咨询师应避免使用专业术语，以免增加来访者的困惑。例如，“你目前的问题涉及分离个体化问题”或“你的问题源于与家庭无法分离”，尽管听起来很专业，却可能让来访者感到迷惑，不知如何行动。这些术语也可能会引发来访者的疑问，如“分离是什么意思”或者“我不是已经搬出来自己住了吗？我不是已经和父母分开了吗”。

相对而言，从情感和情绪的角度来解释专业问题通常更加易于理解。例如，可以说：“在我们的对话中，我注意到每当提及你的家庭，你都会涌现出许多情绪和情感。虽然你已经离开家，在另一个城市独立生活，但似乎你内心仍然与过去的家有许多紧密的联系。也许这与你目前的情绪和人际问题有关，这是我们值得进一步探讨的内容。”这种方式不仅给予了评估（指出讨论家庭时的情绪反应），而且提供了一个概念化的理解（即未解决的家庭情感冲突可能影响当前人际关系），并明确了干预的方向（建议深入探讨）。

“深入探讨”本身并不是一种干预，因为咨询的整个过程都是在谈话中进行的。但是，当咨询师有意识地引导来访者针对关键问题进行深度对话时，这种引导加上深入探讨便是一种有效的干预。它促使来访者进一步理解自己的内在故事、情感和愿望，从而带来治疗性的变化。

在和小安进行了若干次咨询之后，咨询师可以提供一些初步的评估性反馈。咨询师可以以共情的方式表达对小安当前情绪状态的关注，并确认她正在经历情绪上的波动。短期内，咨询师将重点帮助她稳定情绪，并探讨引起情绪波动的具体事件，如工作中的人际冲突。长期来看，咨询师观察到小安压抑了许多与她原生家庭有关的情感，这是需要持续关注和处理的。这样的评估性反馈不仅概括了咨询过程中的发现和进展，也为未来咨询提供了新的目标。

⌘ 小结

对咨询师而言，要在初期阶段对来访者做出全面的评估是一个挑战。即使是最有经验的咨询师，在咨询的早期阶段也难以完全了解所有问题。对咨询最关键的影响在于，咨询师如何能够在有限的时间内获得来访者的信任和认同，减少早期脱落。

咨询师如果能够做到以下两点，便能有效减轻来访者对心理咨询中不确定性的焦虑：首先是及时提供评估性反馈——将对来访者问题的理解传达给他们；其次是提供共情性反馈——传达对来访者情感和内心体验的理解。

通过这种方式的沟通，来访者能够在咨询的早期阶段就明确感知到咨询师“在做什么”。同时，这种清晰的反馈可以增进来访者对未来咨询流程的信任感和合作意愿。此外，这样的交流也为设定咨询的短期目标和长期规划奠定了基础。

临床初始评估为什么那么难

评估是咨询师从理论学习向临床实践转变过程中的一项挑战，无论是在我早期从业经验中，还是在我随后教学与督导的工作里，我都发现评估工作对于新手咨询师是一大挑战。在理论学习阶段，咨询师会学习如何系统全面地对个案进行评估，但当咨询师开始实践时才发现事情并没有那么简单，咨询师在评估中会遇到各种各样的困难。

首先，中国心理咨询师会遇到系统层面的困难：来访者缺乏对心理咨询评估过程的耐心和理解。

我们目前接触到的心理咨询教材主要源于美国。这些教材中的评估方法是建立在美国现行的医疗体系——管理医疗模式——之上的。在这个系统中，患者在正式咨询医生前，须经过护士的初步问诊评估。此评估环节包括细致询问患者的症状、病史及家庭疾病史等，是随后治疗过程中不可或缺的一环。美国心理咨询师的培养也遵循这一模式，他们在取得执业资格后，多数会在临床诊所或相关机构执业。在咨询活动开始之前，一般由负责初步评估的专员对来访者进行心理评估。即便在需要咨询师亲自进行初评的情况下，来访者对这一评估程序也都能理解并耐心地配合。

在中国，心理咨询师进行评估常常面临难题。与美国的医疗体系大相径庭，中国庞大的人口基数与有限的医疗资源形成鲜明对比，导致患者与医生的交流时间极为有限。医生通常会依据患者的主诉和检验结果迅速制订治疗方案，这种高效诊疗过程往往让人产生医生能在短时间内诊断并解决问题的印象。因此，来访者常常对心理咨询师抱有相似的快速解决问题的期望，希望在表达了自己的痛苦和需求后能立即得到有效的解决方案。面对按小时计费的咨询服务，当咨询师在评估过程中投入时间时，来访者可能会怀疑其必要性，甚至误解咨询师是在无谓地拖延时间从而谋利。

其次，咨询师会遇到来访者层面的困难：许多来访者并不清楚如何帮助咨询师更深入地理解自己。在传统医疗环境中，除了口头问诊，医生还依赖各种检查报告来评估和诊断病情。这些由医疗设备提供的检查结果大部分是客观且可靠的。相比之下，心理咨询的评估过程主要通过对话来完成，咨询师需要依赖来访者的主观叙述来了解其问题和心理状态，这一过程极大地受到来访者自我功能的影响。若来访者具备较好的自我功能，积极主动并愿意合作，能够清晰、详尽地描述自己的情况，就能使评估过程更加顺畅。相反，大多数来访者由于自我认识受限、自我感知不明确或是无意识的阻抗，往往只能模糊地表达自身的不适或人际问题，但难以详细具体地展开谈论。

在这种情况下，咨询师需要通过进一步的提问和引导来帮助来访者达到自我觉察，并提供评估所需的关键信息，例如“是什么样的不舒服”“你在什么时候感到不舒服”“什么情况下会舒服一些”“能够讲一个有关你的人际问题的例子吗”。通过询问来访者具体的不适感受、不适发生的时间、舒适感增强的情境或要求其举例说明人际问题，咨询师可以帮助来访者更好地理解自己的情况。然而，对于那些自我发展严重受挫、内心空虚或严重破碎的来访者，或是那些因存在严重信任问题而无法建立基本信任关系的来访者，评估工作尤为艰巨。咨询师可能会感到难以接近这些来访者，甚至感受到他们内心的破碎和空洞。即便是获取了一些重要信息，咨询师也难以立即得出一个完整全面的评估结论。

最后，咨询师自身的困难也是他们在漫长的职业生涯中需要逐步克服的难题。新手咨询师尤其容易在评估的过程中陷入两个极端：一是过分僵化和教条主义，另一个则是过于随意，缺乏规范性。他们的难点在于如何将理论知识与来访者的实际需求灵活而有效地结合。

毕业于培训项目的新手咨询师，一旦开始进行专业的收费心理咨询，便可能面临来访者脱落率的显著上升——通常在咨询初期，还未完成对来访者的全面评估时，就有来访者选择了离去。尽管收费可能并不高，但一旦涉及金钱，来访者的期望也随之升高，他们期待看到咨询效果，希望自己的需求得到回应，问题得到解决。但当咨询师严格按照教科书式流程，试图在正式开始心理咨询工作之前完成一份详细的评估报告时，来访者则不再买账。

此外，一些新手咨询师还未能充分建立起结构化的评估框架，导致评估过程零散、缺乏系统性，结果可能因为太过依赖个人感性判断而缺乏坚实的事实支持，甚至导致错误的评估结论。评估的失误可能造成的影响可大可小：一些情况下可能仅导致来访者的脱落，而在更严重的情况下，可能会导致咨询师忽略来访者正面临的成长危机，甚至对其生命安全构成威胁。

⌘ 小结

临床工作的原则并不是说明书，具体问题需要具体分析、灵活处理。虽然系统层面的难题可能超出我们的控制范围，但我们必须认识到这些难题带来的影响，并寻求灵活多变的方法来应对。

更具体地说，我们不应该盲目套用国外的心理咨询教材，这些资料可能并未涵盖在中国文化背景下进行咨询时可能遇到的特定挑战，也可能缺少针对性的指导。我认为，中国心理咨询师需要培养对本土文化与社会环境的敏感度，只有这样我们才能够更理解与共情来访者的处境与体验。

同样，我们在面对来访者带来的挑战时，也应展现出灵活性。我们的目标是协助来访者提高自身心理功能，但若一开始来访者的心理功能就对咨询过程构成阻碍，咨询师需要优先解决这些难题，并调整对不同来访者的心理预期。

相较于上述两个层面的难题，咨询师自身可能遇到的困难是我想重点讨论的。这正是进行临床训练的价值所在——通过临床实习，减少咨询师个人的误区，提高对来访者进行准确评估的能力。因此，新手咨询师必须通过不断的专业训练和实践经验积累，学会在保证评估过程的系统性和全面性的同时，兼顾对来访者个体差异的关注，以此来提升评估的质量和整体咨询的效果。

进行临床初始评估的几点建议

⌘ 设立初始评估优先级

在时间有限的咨询会谈中，咨询师须针对来访者的具体问题，有选择性地优先进行评估。

在采纳动力学取向进行工作时，对个体的评估必须既详细又全面。微妙的成长历程，如断奶时机、分床经历、早年抚养方式，还有青春期生理变化的体验，诸如月经初潮或首次遗精，均构成了理解个体心理结构的重要资料。这些信息的搜集对整体评估极为关键，尽管它们不必急于在初次会谈中全部获得。

在初访阶段，应着重收集与来访者当前主诉直接相关的信息，优先进行评估。例如，若来访者的咨询诉求围绕情绪难题，那么探询情绪症状的特点、追溯触发情绪困扰的原因和分析其结果、梳理情绪问题背后的历史因素，以及评估来访者的情绪调节方式和他们所拥有的积极支持资源，这些都是评估的核心要素。

如果来访者希望解决与上司的相处问题，那么了解其与父母的相处模式、对父母的看法、与学校教师等权威人物的关系模式，以及在权威环境下的体验和内心感受，进而包括与咨询师这一专业权威的相处感受，都是评估的关键点。

对于那些难以建立稳定的亲密关系，或是深陷复杂的亲密关系困扰的来访者，深入了解其童年经历、与主要照顾者形成的依恋模式，以及他们多年来的情感历程，无疑是评估中的重要方面。

若来访者在咨询初期就表现出对心理咨询及咨询师的质疑，这往往反映了他们在信任方面可能存在的问题。面对这种情况，咨询师应当特别注意如何敏感并且真诚地回应这些疑问。建立咨询关系的过程可能会充满挑战，但咨询师需要通过关注来访者提出的问题来逐步建立这一联结，并真诚地鼓励来访者分享他们的内心顾虑。如若来访者过于偏执和怀疑，则需要优先评估来访者的精神状态以及家族精神病史方面的信息，为后续工作做准备。

⌘ 采取多种谈话技术与策略

如果评估的优先级是基于咨询师对来访者所述问题预先

进行的理性判断，那么随着评估过程的进行，咨询师需要依据与来访者工作时的内在感受（反移情）做出谈话方向、策略和技术的调整，以确保评估能够顺利进行。

新手咨询师应该学会信任自己的内在感受而不是将其视为“不专业”“不胜任”的表现。当咨询师在评估中遇到困难或疑惑时，首先应该思考的是这一切是否与这个来访者有关，而不是陷入焦虑与自我怀疑之中。

当一位忧郁的大学生前来咨询学习拖延问题时，除了询问与拖延相关的问题，我会对他的情绪进行评估，以进一步了解他的学习问题是否与潜在的抑郁有关。

当我注意到在与一位来访者进行工作的过程中，虽然我听到了许多事件和细节，但我似乎与这个人的内在情绪和感受相隔离，感觉他离我很遥远时，我会增加一些有关情绪和内在感受的评估提问，例如：“你当时是什么感受？”“发生这个事情时你在想些什么呢？”“你现在有什么感受呢？”或者我会尝试提供一些观察和反馈，试图通过这些反馈增加来访者的自我觉察，如：“我听到你讲述的这些事情的细节，但我好像难以感受到你在经历这些事情时的感受。”

在与一位被强烈情绪所淹没的来访者交谈时，他会滔滔不绝地分享自己深刻的情绪体验。虽然我能同感他的情绪，却常常对情绪背后的具体情况感到迷惑，因为我对发生了什么一无所知。为了获得更多客观信息，我会采用具体化的方法提问，如：“你提到你母亲的行为常让你情绪失控，能具体说说当时她做了什么吗？”

针对不同的来访者，考虑到他们的年龄、文化水平和心理功能的差异，需要运用不同的谈话方式与他们进行沟通。有时候，咨询师可以运用一些艺术性的手法，例如使用比喻、引用耳熟能详的文学作品或典故，以此来帮助他们理解心理咨询的过程和目的。有时候也需要使用更通俗易懂、常识性的类比来进行沟通。这种方式可以确保我们用简单明了的语言传达概念，帮助来访者更好地理解和应用咨询中的内容。

例如，当来访者在暴露自己的内在情感时感到痛苦，并有所退缩的时候，我有时会讲起“脓疮与结痂”的类比——如果伤口要完全愈合，需要打开结痂并清除脓疮，这一过程是痛苦的。我并非试图用理性说服来访者忍受这一过程的痛苦，而是希望来访者明白我充分理解这种痛苦，并让他们知道这种痛苦是必然且可控的，从而帮助来访者增加对自身痛苦的理解。

每位咨询师都有自己独特的说话风格，我们应该了解和熟悉自己的风格的优势与劣势，并在临床工作中具有创造性地利用这样的说话风格靠近来访者，贴近来访者，并走进来访者。

⌘ 及时进行评估性反馈

在咨询初期，咨询师应明确告诉来访者，自己将在初始评估（通常是 4 次咨询）后对其关心的问题进行反馈，做出心理学层面的理解，商讨接下来的咨询目标和工作方向。

许多早期脱落的来访者反映，“咨询师只是倾听却没有做什么”“感觉不到效果”“自己已经讲了很多，希望听听咨询师的反馈”。不论这些脱落是不是和来访者自身的问题（如焦虑、信任障碍或过于理想化）相关，咨询师都应在最初的几次咨询中积极提供反馈，阐述自己是如何从心理学的角度理解来访者的问题的，并明确下一步的咨询工作方向。

在 2020 年全球新冠疫情暴发的这一年，我为一位在美国留学的学生提供咨询服务。我们的咨询始于 7 月，那时中国的疫情已得到有效控制，而美国仍很混乱。该学生计划于 9 月初返国，却在 7 月遭遇突发的焦虑发作，这促使她求助于心理咨询。她向我分享了留学期间的种种遭遇和与父母间的复杂关系，并表达了她非常担心一旦感染就无法回国，以及对归国后生活的迫切担忧与茫然。在我们首次谈话即将结束时，她的情绪有所缓解，紧接着她急切地询问下一步如何行动，以及是否存在一个明确的咨询方案。

我回应道：“我理解你现在所承受的巨大焦虑和无助感，这些焦虑部分来自你对未来发展的不确定性，但也有一部分来自你对当前生活的不安全感和焦虑。我认为当前对你最重要的是如何帮助你平安度过回国前的这段时间，我们可以一起讨论如何确保你安全、顺利地回国。比如，你对留在美国剩下的几周有何计划和安排，如果你再次出现焦虑发作，你可以如何自我帮助等。你对我刚才所提到的建议有什么想法呢？”我的反馈和建议显著缓解了她的情绪。尽管她可能仍需要处理与父母的关系和个人成长等问题，但在那一刻，最为关键且具有治疗意义的反馈是回应并满足她对安全感的迫切需要，并辅助她进行情绪调节。

大多数情况下，我们发现来访者都愿意接受咨询师对其问题的梳理及心理学解读。然而，我们也遇到了一些特别具有挑战性的来访者。这些来访者对自己的问题有着深入的分析，以至于他们对咨询师的初步分析表示不满，认为这些分析太过表面。他们渴望得到更深层次的诠释。这种不满有时令新手咨询师感到恐惧、自我怀疑、沮丧，甚至激起被冒犯的感觉、愤怒和反感。

我注意到这类来访者往往存在情感隔离，甚至略微傲慢和有优越感。他们的这种态度可能促使咨询师产生强烈的反移情反应。这实际上是一种投射性认同的过程。来访者将他们内心的恐惧、自我怀疑、挫败感和愤怒投射到咨询师身上，因为他们认为这些感觉是脆弱和无助的表现，他们想要将其排除在外。一旦咨询师成功接受并认同这些情绪，投射性认同的过程就完成了。理解这种投射性认同有助于咨询师缓解自身的焦虑，帮助咨询师透过防御本身看到来访者的脆弱与无助。但是，在咨询起初，咨询师并不宜将这种理解反馈给来访者，即不宜过早分析防御，因为这可能让来访者感到被批评或指责，引发更强烈的愤怒。

面对这一挑战，我们应该如何应对？从心理动力学的角度来看，来访者对自己的问题的分析可能是对依赖需求的一种防御。他们对咨询师的贬低和挑战可能表明他们内在存在自体缺陷和自恋问题。自体心理学强调理解来访者的防御对其维系内在自体感完整性的重要意义，要理解并承认其防御所产生的积极作用。

这些来访者的理性分析反映了他们自助的决心和内在的动力；他们对咨询师反馈的直接回应显示了他们沟通的坦率和勇气。直接向咨询师表达，特别是负面情绪，这正是我们作为动力学咨询师期望来访者能够做到的。在面对这样的来访者时，我会真诚地对他们的直接回应表示感谢，并赞赏他们的坦率交流。同时，我会认可他们在理解自身问题上所做的努力，并表示愿意与他们保持合作，通过持续的咨询过程，更深入地理解他们的问题。

推进谈话

从评估到概念化

推进咨询意味着咨询师能够更深入地了解来访者的现实生活，并深入探索来访者的内在精神世界。这种深入了解不仅仅包括对客观事实和信息的详细评估，还包括在心理学层面的构建和概念化。

锚点

心理咨询的过程就像收集碎片并将它们拼凑起来。我们一方面搜集心理碎片——这对应于评估阶段；另一方面，我们努力将这些碎片拼合——这是概念化的过程。因此，咨询师的任务是边搜集边构建，逐步整合这些碎片。如果咨询师只停留在评估阶段，而不进行及时的概念化，就好比积累了大量碎片，但没有将它们分类整理。这会使工作停滞在评估阶段，难以深入，也难以继续推进。

临床工作的动态性、碎片化的特点都与拼图活动一致——当所有碎片化的拼图展现在面前时，我们需要找到起点，即一个锚点，以启动这次拼图——咨询师的评估和概念化工作需要锚点。

拼图的锚点可以是四个边角，也可以是拼图图案中特别突出的元素，甚至可能是某些异形的拼图碎片。

实际工作中，心理咨询的挑战性远超拼图游戏，因为咨询师必须在缺乏明确参照模板的不确定状态中进行工作。咨询师并不知道最终完整的画面是什么样的。他们也无法确定拼图的边界在哪里，还有多少碎片尚未被收集，还有多少内容尚未拼凑。咨询师的任务是在逐步拼凑的过程中，逐渐揭开人的内在世界，理解个体的深层次需求和情感。但对于新手而言，在这样一个充满不确定性、支离破碎和错综复杂的环境中，很容易感到迷惑不解和无所适从。

在深入咨询谈话的过程中，咨询师确立对话锚点至关重要。接下来，我将围绕六个关键锚点，探讨如何将咨询从评估过渡到概念化，进而深入理解和帮助来访者。同时，借助实际案例，我会从两个维度展开详细讨论：咨询师如何思考咨询进程和走向，以及如何运用这些信息进行概念化的理解，即如何思考；咨询师如何回应和反馈来访者，以及如何将这些理解性的内容传达给来访者，即如何会话。

本章介绍的六大锚点包含了：

（1）生物遗传因素

（2）家庭环境因素

（3）社会文化环境

（4）自我认知

（5）关系模式

（6）人格特点

在咨询的初始评估阶段，我们关注的问题是“他遇到了什么问题”，同时审视来访者可以利用的个人资源。而在咨询的深入对话阶段，咨询师则与来访者共同构建“他是谁”的全貌（见图 3-1）。

要深入了解来访者的身份，关键在于三个核心锚点。

（1）自我认知

（2）关系模式

（3）人格特点

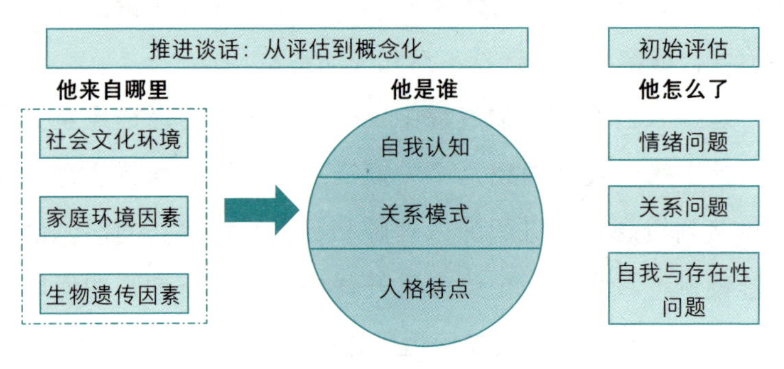

图 3-1 评估－概念化工作地图

与此同时，我们追问“他为何成为现在的自己”，即来访者的历史背景和成长轨迹。为了探索来访者的成长背景，我们依赖以下三个锚点。

（1）生物遗传因素

（2）家庭环境因素

（3）社会文化环境

通过对这些锚点的分析与整合，咨询师不仅能够更精确地评估来访者当前的状态，还能够深入理解影响来访者心理行为模式的深层次因素。

理解临床过程中的概念化工作

临床过程中的概念化是咨询过程中最为复杂的环节，它要求咨询师在繁杂的信息中筛选、整理并归纳，而且概念化本身还决定了咨询的方向和未来的干预策略。

很多来访者会在咨询的初期，有时甚至在第一次会谈中就迫切询问咨询师："从心理学的角度看，我为什么会出现这些问题？"这个问题本质上是对"概念化"的探求，也就是寻求用某种理论、假设或推断来阐释某个症状、问题或现象。

多年来，心理学研究一直在努力解释人类行为及心理现象的本质，无论是在个体还是群体层面。先天遗传理论和后天环境理论是两大受广泛关注的研究范式。然而，现代科学界普遍认同，生物遗传因素与社会文化环境共同塑造了心理发展。

绝大多数心理咨询理论，包括精神分析、认知行为理论和人本主义理论，均从环境的作用角度来阐释心理障碍的形成。这些理论的区别主要在于它们侧重于不同的环境阶段。例如，精神分析重视与个体发展密切相关的环境因素，特别是家庭背景以及个体与重要养育者的互动。弗洛伊德着重探究了早期童年经历对个体心理发展的深远影响，而克莱因则进一步追溯到婴儿期，探讨了母婴养育环境中，母婴互动对孩子心理发展的重要性。父母提供的食物能量影响孩子的身体素质，而提供的情感精神能量则影响孩子的心理素质。早期环境是个体未来心理素质的起点，也是个人人格的底色。精神分析的目标并非改变这一人格底色，而是帮助个体认识到这些深层特质如何无意识地在生活的各个领域（如事业、普通人际关系和亲密关系）中起作用。通过深入理解自己所受制的因素，个体能够更自主地认识到自己的选择和未来的发展方向，并做出最有利于自己的决定。

认知行为理论强调更广义的环境，它将环境的概念扩展到任何能够触发强化－反馈机制的互动场景中，认为这些环境可作为改变个体心理和行为的关键点。认知行为治疗对个体的心理可塑性持乐观态度，视心理咨询为一种可以显著影响个体环境的干预手段。在治疗过程中，该理论特别强调与来访者的合作环境，通过“做”与“行动”来增加正性行为、合理信念的出现机会，减少负性行为频率，降低不合理信念对行为和情绪的影响。

人本主义理论重视创造一个无条件积极关注和非评判性的情感环境，将其视为心理健康成长的关键土壤，所有的改变都依赖于这块情感土壤。事实上，这与精神分析关注的早期环境在某种程度上是相似的，后者着重于早期情感养育环境的质量。情感养育质量越高，人格发展的基础就越健全；反之，情感养育越匮乏，人格发展就越营养不良，成年后的问题也越多。这就像地基不牢固的大厦容易倾倒。

概念化在临床过程与学术报告编写中呈现不同的特点。学术报告中的概念化是一个静态的整理过程，目的在于对已有案例进行系统的回顾与分析。相对地，临床过程中的概念化则是一个动态的、持续发展的过程，它不断地随着新信息的加入和来访者发展的变化而调整，没有固定的终点或定论。

在临床环境中，概念化的过程类似于河流的形成，它涉及众多来源的“水滴”——包含每一个治疗细节、咨询师对信息的精细梳理和深入思考，以及解释性的对话。这些元素汇聚成为理解和帮助来访者的基础，虽然概念化本身不直接作为治疗干预，但它为咨询提供了方向和框架。这些内容，我会在后文中详细展开。

他来自哪里

⌘ 生物遗传因素

生物遗传因素对一个人有多重要，这个问题常常遭受极化的看待：一方面可能被过分夸大其负面作用，另一方面可能被轻视或完全否认其重要性。我认为，每位咨询师都应持续反思自己对于生物遗传因素在心理层面所产生的影响的看法。我们对这一因素的态度，不论是包容还是排斥、积极还是消极，都将直接影响我们对来访者的理解与评估。

在临床实践当中，尤其需要关注两组特殊的人群及其生物遗传背景：一是正在接受精神科治疗并用药的来访者；二是那些具有高度敏感性的个体。

接受精神科诊断的来访者

许多患者及其家属对精神疾病存在着偏见和误解。虽然社会对抑郁症和焦虑症等情绪障碍的关注在不断提高，但某些疑问和看法依旧根深蒂固：为什么我会患抑郁症？为什么别人不患病就我患病？为什么别人忍忍就可以过去了而我不能忍忍？这些疑虑通常会削弱患者接受药物治疗的动力，因为人们可能认为情感问题与意志品质有关。

此外，即便患者接受精神科诊断并开始服药，要让他们按医嘱认真执行服药过程也面临着巨大挑战。有些人对于服用精神类药物存在根深蒂固的恐惧感。他们常常以“副作用”为借口拒绝服用药物或随意减少用量，但这种行为可能会降低治疗效果，甚至导致不良的“副作用”。

当来访者曾就诊于精神科医生或正在接受精神类药物治疗时，我总是会细致地询问其确切的诊断情况及用药经历，不论其主诉是否直接与药物治疗相关。我希望传达给来访者的信息是：首先，生物遗传因素与心理问题密切相关；其次，我非常关注他们在生物遗传方面的脆弱性；最后，如果有需要，我愿意提供专业知识和支持，以帮助他们更好地理解和处理这方面的问题。

我注意到，许多正在接受药物治疗的来访者都有强烈的意愿向我透露他们在精神科就诊和用药的体验与感受。虽然我不是精神科医生，但他们仍然愿意与我探讨他们的疾病和药物治疗的相关议题。大部分咨询的问题都在我的专业范畴之内，我所提供的解答能够帮助他们缓解忧虑，鼓励他们更加严格地遵守医嘱。这不仅有助于他们的治疗进程，也为心理咨询创造了更加有利的条件。

许多来访者都会与我分享他们对服药的担忧。他们的恐惧不在于药物无效，相反，他们担心药物有效，这意味着他们需要长期依赖药物。

对于那些需要长期服药的来访者，作为咨询师，我们需要进行心理教育，帮助他们积极面对这个现实，强化他们的自我功能。对于患有双相情感障碍的人、那些多次遭受抑郁发作的人，或者有着长期慢性焦虑的来访者，通常是需要长期乃至终身服用药物的。我向他们解释，他们的病情很大程度上与遗传因素和生物学敏感性相关，这与其他许多慢性疾病（如高血压和糖尿病）有着相似之处。这并非反映了他们的过度敏感、脆弱或意志力的缺失，而是一种客观存在的疾病状态。

在解释药物治疗的必要性时，我经常将高血压和糖尿病作为比喻，强调精神类药物在维持心理健康稳定和生活品质上的作用，类似于降压药和胰岛素。我强调，持续的药物治疗对于维持他们心理健康的稳定性至关重要，同时也提醒他们，通过定期体检，可以有效监控并管理药物潜在的身体影响，从而减轻他们对于药物副作用的过度担忧。

除了提供心理教育，咨询师还应与来访者深入交流，了解他们内心的恐惧和情感体验。这种恐惧往往根植于药物治疗的过程及其伴随的体验。众所周知，许多精神治疗药物在服用初期会引发不适，如食欲下降、嗜睡、精力减退、头疼、恶心，以及异常感觉或麻木等不良反应。这些症状可能会使来访者产生强烈的恐惧和焦虑感。然而，若来访者明白从刚开始服药到药物起效需要经历一个身体适应的过程，或者他们得知可以通过与精神科医生沟通，以调整或更换药物来降低副作用，那么他们在药物适应期的焦虑就更可能得到有效的管理和缓解。

药物治疗引发的另一种恐惧涉及人们对内在精神自主性

的高度需求。许多人对于服用精神类药物感到忧虑，担心这会削弱他们的自主性，恐惧失去真实自我，害怕无法控制自己。例如，我接触过一位患有严重焦虑症的来访者，他在开始服用抗焦虑药物后，那种曾经压倒性的焦虑情绪有所缓解。但他很快发现自己陷入了另一种恐慌：他感到自己变得过于麻木和平静，这种异常的平静感觉令他极度不安。面对这种恐惧，咨询师切忌仅停留在肤浅的心理教育层面，因为这样可能会令来访者感到被边缘化，认为咨询师对他们的感受漠不关心，从而加剧他们的疏离感。同样重要的是，咨询师应当避免过分乐观地对待问题，不能简单地安慰来访者并让其认为这是正面的变化，不需要过分关注，只要适应即可。我会认真地倾听他们此时此刻的感受，认真倾听他们描述那种"异常的平静"所激发出的不安和幻想，并深刻理解这些感受所引发的焦虑对他们个人的影响。

我会试图共情来访者因服药所带来的内在身体和精神体验的变化，如："我可以理解你的这种恐惧感来自你内在感受突然的变化。服药之前你长期深受焦虑的痛苦。焦虑虽然痛苦，但对你而言十分熟悉。可当你服用药物以后，这种内在感受的突然转变，也会带来巨大的不适应，甚至会让你感到很不真实。这会引发巨大的不安。"

我也会尝试去探讨这些恐惧感所伴随的各种遐想和幻想，如："对于这种突然的平静，你有什么感受？这种感受会让你有怎样的联想吗？"当咨询师深入探索这些幻想的时候，来访者可以更清楚地看见自己在害怕什么。有时，当害怕的东西被具象化并诉说以后，它将变得没有那么令人恐惧和不确定。

高敏感的来访者

我在临床中观察到一类来访者，他们的认知能力和社会功能良好，拥有工作能力以及基本的社交技能。然而，他们的心智发展却似乎停滞在早期的原始阶段。他们渴望建立人际关系，但在与他人互动时表现出极度的被动和回避行为，内心感到异常敏感和紧张。通常情况下，他们难以准确理解他人行为的真正意图，更倾向于将自己的假设和幻想投射到他人身上，并坚信这些投射反映了他人的真实想法。在与他人互动时，他们更多的是在自己的投射和幻想中行动，很难直接通过言语来表达自己的怀疑和假设。

与这类来访者一起工作时，处理他们的情感和反应往往具有一定的挑战性，因为他们可能会认真地讨论一些基础的常识性的人际问题，就像是一个几岁的孩子一般。咨询师有时会感受到愤怒和荒谬的反移情，有时会感受到啼笑皆非的反移情。

一位来访者分享了他在人际互动中的一些独特困扰。在公司聚餐时，当其他人自然地夹菜吃饭的时候，他犹豫不决。尽管他非常渴望盘里的鸡翅，但他不敢自己夹菜，他时刻幻想着有一位同事会注意到他的渴望并愿意主动将鸡翅放在他的碟子里。他把人做了简单的分类：穿着朴素的人更容易相处，容易被操控，而穿着时尚的人则可能更自我、坚持自己的想法，难以影响。他对他人的判断是不灵活、不变通的，他不会根据自己与他人的实际相处经验和感受来调整自己的判断和行为。因此，他很难有长久深入的关系。从外部行为来看，他未必会做出一些令人咋舌的怪异举动，但是他内在有着大量奇特的人际关系幻想。

另一位来访者有着良好的社交能力，在工作和人际交流场合如鱼得水。然而，在他内心深处，他并不认同这一切。他在内心与人疏离，他认为自己仿佛是个外星人，无法理解人类世界。尽管他可以披上人类的外衣，扮演人类的角色，融入人类社会，但他始终感到无法归属，无法亲近与靠近。

在与这些来访者的对话中，我感受到了一种强烈的困扰，它与他们自身对人际交往中深感迷茫的内心体验不谋而合。我时常纳闷，为什么他们会表现出这样的行为？我们通常能在那些表现出边缘型或自恋型人格特征的来访者的生活史中，追溯到早期依恋关系的创伤或慢性情感创伤。但对于一些来访者，他们似乎并没有在一个病态的家庭环境中长大。他们的父母通常受过良好教育，家庭条件不错，而且父母对孩子的关心始终存在，甚至在孩子成年之后，父母也积极参与子女生活。父母情绪稳定且功能良好。那么，究竟是什么因素导致了这些来访者在心智发展上的缺陷呢？

我注意到，这类来访者的感受性比常人更敏感。在追溯他们的早年经历时，他们经常会记得被家人念叨“难以照料”，原因是他们在婴幼儿时期经常哭泣、难以安抚并且展现出许多难以解释的行为。高敏感的个体对于自身内部的感受和外部环境刺激带来的感受都反应强烈。在处理这些激烈情绪的过程中，他们可能逐步构建起一系列无意识防御机制，比如构建幻想，以解释自己以及人际关系中的现象，从而缓解内心的紧张感。

这些高度敏感的来访者在智力上往往表现出众，他们对于客观信息和知识的处理并不感到困扰，因为这类刺激是可控且具有结构性的。然而，他们对人际交往的复杂性和不可预测性感到极度焦虑。与人交往引发的情感远比学术知识更为难以捉摸和掌控，这使得他们觉得自己正被情感的洪流所吞没。面对这些强烈的情感反应，他们可能逐渐选择避开人际互动或隔离自己的内心。

此外，高度敏感的来访者倾向于使用理性化的策略来处理他们的焦虑和无助感。他们可能会沉迷于学习，用各种理论来解释自己复杂的情感体验。他们也可能通过阅读大量的书籍、观看电影来联结和理解自己内心丰富和复杂的情感世界，慰藉内心。

当面对高敏感和高需求的来访者时，心理咨询师需要表现出足够的耐心和高度共情能力，需要与来访者情感高度同调。因为这正是来访者童年经历中所欠缺的部分。当外向性格的父母与内向而敏感的孩子相处时，情感同调可能成为养育过程中的一个挑战。外向性格的人通常寻求刺激，但内向性格的人由于对刺激的高度敏感，难以快速处理和消化过多的刺激。如果外向性格的父母无法理解孩子的特殊需求，未能为孩子提供足够的情感空间，孩子会由于过度暴露在刺激之中而感受到被刺激和内在情感淹没，孩子的情感体验会受挫，开始回避和退缩，最终退缩到只有自我的世界中。

确认和承认来访者的感受是建立共情的基础，对于那些易感性较高的来访者来说尤为重要。确认他们感受到了外部刺激的强烈性，确认他们内在情感的澎湃，确认他们担心被情感淹没的恐惧，确认他们选择回避作为一种寻求安全的策略，确认他们感到既安全又极其孤独的失落和无助。其他人可能会说“你别想太多”，甚至来访者自己也会反复告诉自己“我可能是太敏感了”，但作为咨询师，我们明白，来访者真正需要的是被看见。

在精神分析理论中，有一个概念叫作“镜映”，镜映指的是照顾者，尤其是母亲，通过反映婴儿的情绪、需求和行为来帮助他们发展自我意识和自尊的过程。而在心理咨询的过程中，咨询师对来访者内在感受与需要的镜映可以确认他们独一无二的自我的存在性，让他们看到自己独特性的可爱之处，重塑自我。

⌘ 家庭环境因素

我们深知了解来访者原生家庭的重要性。许多心理咨询的教材都强调，在评估阶段，咨询师应搜集来访者原生家庭的相关信息。然而，在探讨原生家庭时，咨询师不应仅停留在客观信息的收集层面，如“你父母的职业是什么”“你小时候与谁共同生活”，而应更关注家庭的情感氛围以及这种氛围对来访者成长的影响，如，可以问：“你与家中的谁关系最亲近？为什么？”“你认为母亲情绪不稳定的情况对你的心理造成了怎样的影响？”“当你父亲总是否定或打击你时，你对他是什么感受，你对自己又是什么感受？”

也就是说，当咨询师能够更深入地探讨原生家庭对来访者的影响，揭示这些影响如何塑造了他们的情感、思维和行为，以及如何影响他们的自我认知和人生选择时，咨询师便开始从简单的评估过渡到更为复杂的概念化阶段。

接下来，我将深入探讨如何通过与来访者讨论原生家庭，将咨询工作进一步推进。

倾听情感

许多来访者谈论父母的时候都会讲述各种各样的故事，有的故事比较完整，有的故事只有片段，有的故事不是亲身经历甚至不知真伪。那么作为咨询师，应该关注什么呢？应该去搞清楚故事的细枝末节和来龙去脉吗？还是应该花精力去辨别来访者故事的真实性？关于这些问题，我的态度是：保持好奇，但不要让它们占据了所有的谈话空间。换句话说，当我们在倾听来访者故事的时候，我们需要有 50% 的关注点在故事的内容上，需要有 50% 的关注点在故事所传递的情感上。咨询师不应该一门心思扎进对故事真实性的考究里，也不应该过度认同来访者自身的某种强烈的情感。咨询师应该对已有内容认真理解同时对未知内容保持好奇，并敏感地捕捉倾听过程中除开内容以外的情感部分。

倾听情感包括：

- 倾听来访者父母的情感。

- 倾听来访者的情感。
- 倾听咨询师听故事时的情感。

倾听来访者父母的情感

很多时候，来访者能够描述他们父母的行为和话语，但咨询师需要从这些描述中捕捉到来访者父母的情绪和情感状态。

举例来说，曾经有一位来访者向我描述她的父母："我小时候非常忙碌，我妈妈给我安排了各种各样的辅导班，她总是盯着我的学习，要求我不可以懈怠，不能自满。她对我的学习成绩非常在意。"在这个描述中，我们可以听出一个"焦虑的母亲"的形象。因此，我向我的来访者反馈："听起来你的妈妈对你的学业成绩非常焦虑。"当我们将注意力集中在"焦虑的母亲"上时，来访者开始进一步思考她所感受到的母亲的焦虑，以及这种焦虑对她的影响。她逐渐认识到自己已经不自觉地内化了母亲的焦虑，以至于即使上大学后母亲不再对她的学业有过高期望，她依然对自己的成绩非常焦虑和紧张。

我有另一位来访者，她同样拥有一个极其焦虑的母亲，只是这位母亲的焦虑焦点不在于学业成绩，而是在于来访者未来是否能找到一个合适的丈夫。来访者这样描述："在我上中学的时候，我爸妈从来不关心我的学业，我妈最喜欢和我说的一句话就是'女孩子要嫁个好老公，那未来就有保障了'。"母亲的焦虑成功地影响了来访者在亲密关系中的体验，使她不断地寻求完美的伴侣。尽管她明白无法找到完美的伴侣，但她难以摆脱母亲的焦虑的影响，这种焦虑深深地根植于她的内心。她一度认为是她的婚姻观有问题，但在与我讨论她母亲如何评价父亲，以及如何告诫她要找到好的归宿后，她开始意识到她的焦虑实际上是当年母亲传递给她的焦虑的一种复制，她无意识中再现了当年那个焦虑的母亲的形象。

当我们倾听和父母有关的故事的时候，我们可能还会听到有抑郁情绪的父母，听到情感隔离的父母，听到情绪化的父母，听到贬低与否定的父母。若咨询师能透过对父母行为的表层描述而反馈出对父母情感性特点的理解，就能加深来访者对其父母的理解，也能够唤起来访者对父母进一步的情感体验，开启对原生家庭话题的讨论。

除此之外，帮助来访者认识自己的父母，是帮助其认识自我的第一步。每个人的人格特点中都有其父母的影子，当来访者并不善于自我观察和自我反思的时候，观察和认识自己的父母能够变相地帮助他们意识到自己人格层面的特点。

倾听来访者的情感

在讨论原生家庭时，来访者的情绪状态本身就是一个值得观察和理解的现象。

当来访者讲述他们的父母时，情感的表达方式各不相同：有人可能伴随着强烈情感的涌现，可能会面红耳赤或情不自禁地哭泣；有人可能显得非常情感隔离，仿佛在谈论一个与自己毫不相关的陌生人；还有人可能会表现出强烈的厌恶和回避，希望尽快结束这个话题。无论来访者在讨论父母时带着何种情感，都值得咨询师给予关注和反馈。

例如，可以说："我注意到当你描述你父亲让你感到非常失望的情境时，你面带微笑。"或者："当你提到你的父母时，你是什么感受？"或者："似乎当我问到你的父母时，你有些不耐烦，不确定你此时此刻的感受是什么？"这样的反馈有助于来访者更深入地探索他们与父母相关的情感体验。

当来访者开始讨论自己的父母时，我有两个深刻的体验：首先，每个人对父母的情感都是复杂而错综的，很少有纯粹的爱或纯粹的恨；其次，没有孩子不了解自己的父母。

当来访者讨论他们的父母时，他们实际上在谈论着自己记忆中的父母、自己内在的客体。在每次咨询中，或许只会唤起来访者对父母某一种或两种情感体验的记忆，但这些记忆并不代表全部。即使来访者讲述的是同一事件或同一人，不同的时刻可能会引发不同的情感体验。倾听来访者的情感需要咨询师悬置自己的判断和预设，认真倾听此时此刻来访者与他们的内在父母[一]之间建立的情感联系。在这个过程中，我们可能会听到来访者的失望、愤怒，也可能听到他们的恐惧和无助，甚至听到那些穿越时空的思念。

[一] "内在父母"这一概念主要源自心理学中的内在家庭系统（Internal Family Systems，IFS）和精神分析理论。在 IFS 中，内在父母通常被理解为一个人内在的照顾者或指导者角色。这些"父母"可能会反映出实际父母的特质，也可能是由个体自己创造的，以满足某种情感或心理需求。在精神分析中，内在父母主要是指内在父母客体形象，是指在儿童成长过程中，他们会逐渐内化父母或其他主要照顾者的形象和行为模式。这些内化的形象和行为模式在个体的心理结构中形成了"内在父母"，并在成年后的自我管理、自我批评和情感调节中发挥作用。

当来访者表达出对父母缺乏了解时，咨询师不应轻信这句话的表面意义。即便是那些与父母分离多年或早年丧失父母的人，他们的心中也往往会充满对父母形象的构想，这些形象可能源于照片、他人的叙述或其他各种方式。他们会根据这些片段信息构建对父母样子的想象。对于那些由父母抚养长大的个体，他们对父母的情感体验通常更为丰富。

当来访者宣称对父母"一无所知"时，这可能是一个防御机制的表现，表明他们可能无意中抑制了与父母相关的强烈情感和记忆。这些情感体验可能是压倒性的、淹没式的，而由于它们很少被意识到、整理和表达，来访者会下意识地说"我的父母和其他普通的中国父母一样""我父母没什么特别的"或"父母对我还不错，没什么值得说的"。

然而，如果咨询师能够在此刻保持沉默，为来访者留出情感表达空间，那么与父母相关的情感记忆便可能逐渐浮现。这些可能包括对具体事件的回忆、场景片段，或是模糊的情绪体验。咨询师在听来访者谈及其父母时，应细致地倾听那些情感的细微流露，认真感受来访者的内在父母客体形象，理解来访者的父母在他们生命中的意义以及所扮演的角色。

有些来访者在谈论父母时非常笼统和空洞，咨询师可能难以捕捉到他们父母具体而真实的形象。这种描述方式通常反映出来访者可能成长于一个情感表达极为匮乏的家庭氛围中，他们往往无法精确地识别和理解自己的感受，只是从外部行为层面做出观察，而无法触及情感深层，因此在向咨询师叙述时仅能提供一个基本的家庭轮廓。

因此，这些来访者需要咨询师的协助，咨询师可以时不时提出好奇的问题，如："在那个时刻，当你站在那里看着他们争吵，你有什么感受？"或者提供一些理解性的解释，比如："你的妈妈是否可能在生下你后经历了长时间的产后抑郁？听起来她当时非常疲倦，而且没有足够的支持和帮助。这也许让她无法在情感上与你建立联系。"又或者充分表达共情，比如："当他们离开你去工作时，你也许能够理解发生了什么，但你一定非常非常想念他们。然而，当他们回来时，你可能会不由自主地感到怨恨和生气，拒绝他们的靠近。但似乎你的父母无法理解你如此复杂的分离情感，他们反而因为被拒绝而惩罚你，这一定让你感到非常伤心。"

对于那些难以与自身情感建立联结的来访者，我们的问题可能令他们困惑，因为这是一个他们从未思考过的问题。然而，这并不意味着他们缺乏情感体验。当他们听到咨询师表达的深度共情时，他们可能会不由自主地落泪，对自身的情感释放甚至感到意外。这种包含惊讶、泪水以及共情的对话，正是他们心灵成长所需的营养。只有在这样的情感关怀中持续沐浴，他们的内心世界才能逐步修复和成长。

当咨询师不断向来访者发问时，如"对于所发生的一切，你有什么想法""你是否同意这些想法""你有什么感受"，这些提问在无意中轻微地干预来访者的内在体验，不断唤醒他们内在的自我。这种干预类似于父母对待婴幼儿，即使婴幼儿刚刚开始学习语言，甚至还不懂语言，父母也会不断尝试询问他们的感受，好奇他们的想法。这是因为父母相信在孩子的小小身躯里有一个需要被唤醒的灵魂，只有通过不断的好奇和尝试，这个灵魂才会逐渐觉醒，而心智也得以逐渐发展。

倾听咨询师听故事时的情感

如果你遇到一个有兴趣主动谈论自己父母的来访者，这是很幸运的事情。接下来，你需要认真倾听他们的故事。你应该时刻留意在听故事的过程中自己的感受，看看是否能够从这些故事中清晰地勾勒出一幅家庭生活的图景，了解一些具体的细节，包括这些人的具体行为、行为背后的动机，以及他们之间的情感交流。

许多来访者的故事听起来像电视剧的剧情梗概，这些梗概可以告诉你故事的大致情节，但缺乏人物情感的深刻展现，让人感觉无聊乏味。在梗概中，你可能知道两个人相爱，但你不知道他们是如何相爱的，相爱的过程经历了怎样的坎坷，这份爱有多么不易，有多么深刻。梗概可能告诉你，他们后来产生了误解，吵架，甚至分手，但你不了解他们内心的纠结和痛苦，不知道在某些时刻，他们甚至分不清自己到底更爱还是更恨，他们的内心被撕裂成两半，再也无法拼凑在一起。

在了解来访者的家庭背景时，我们需要怀着一种好奇的态度，去思考“这个家庭怎么了”以及“为什么会变成这个样子呢”。这种好奇心就像来访者在成长过程中所处的位置，他们来到了一个家庭，目睹了家庭中发生的各种事情。我们需要考虑，来访者是否曾被家人告知和解释过一切发生的原因，或者他们只能观察和猜测，又或者他们被某个家庭成员反复灌输某种观念和信念（比如“我们家这么穷是因为你爸爸没出息”）。

对于那些心理发育受损严重的来访者，他们在谈论家庭事件时可能很难表达自己的内在体验，他们仿佛是一个个空洞的外壳，里面住着一群被称为家人的人，难以捕捉到他们的自我。若咨询师能够倾听自己在听故事时的情感体验，就有机会向这个空洞的外壳注入情感和灵魂。

来访者：我爸妈经常吵架和打架，有一次我妈拿着刀追我爸，我爸把门关上，我妈在外面砍门。

咨询师：（听到这个故事后感到非常震惊和害怕）你当时是什么感觉？

来访者：我不记得了，我只记得我躲在桌子下不敢出去。

咨询师：我在思考，作为一个孩子，当时你一定感到非常害怕和恐惧。

来访者：我不记得那些感觉了。后来我妈带我回娘家。进门以后我妈就给家里人哭诉，我站在大门口，大门的柜子上有一根泡在酒里的人参，我只记得我一直盯着那瓶药酒。

咨询师：（感到难以找到清晰的情感描述）就像泡在酒里的人参一样，你也完全被你当时的情绪淹没了。

当咨询师努力还原这个家庭的样貌时，关键在于持续地觉察自己的内在感受，并从这种反移情中获得信息。咨询师需要细致地感受这个家庭的故事所引发的情绪波动，理解自己对这个家庭的遭遇抱着何种情感，对每位家庭成员有何种印象和感触。

这是个可悲的故事，还是一个可恨的故事？谁是可怜的人，谁是可恨的人，谁是无辜的人？谁是情感匮乏的，谁是有资源的？家庭如何维系了一种动态的平衡？这些思考分析或许不会直接与来访者讨论，但咨询师必须充分感知并体验这些情绪。因为正是通过这些看似“评判性”的感受，我们能够触摸到来访者内心世界的真实情感，可能发现其中的不协调之处，并获得全新的视角去理解整个情境。咨询师要勇于运用自己的感受，引导这个谈话走向一个不加预设的方向。

如果来访者拒绝谈论父母

你会发现有的来访者喜欢谈论父母，有的则回避这个话题。作为新手咨询师，最重要的是学习如何以灵活的方式应对不同的来访者。你需要拥有多种策略来帮助你接近并启发来访者，同时用你的真诚为他们提供足够的勇气来面对这未知的旅程。当咨询师与来访者谈论原生家庭时，切忌陷入复杂的事件细节中。咨询师应该不断联结来访者的情感体验，包括与过去的、当下的、内在父母的、咨询师的情感体验。只有倾听和观察这些情感，才能深入理解来访者的原生家庭如何影响了他们的生活。

当来访者当前的困难（例如工作压力或职业发展）与他们和原生家庭的关系没有直接联系时，他们有充分的理由拒绝谈论与父母有关的话题。有些来访者即使谈论父母的话题，也给人一种干瘪的、苍白的感觉，难以深入探讨。当来访者对此持防御态度时，咨询师只能了解一些表面信息，难以深入展开讨论。如果发现与来访者的交谈只停留在认知和理性层面，难以深入情感层面，我会暂时搁置这个问题的评估和讨论，等待时机的出现。

根据我的经验，时机通常出现在一些特殊的日子，例如生日、中秋节、春节。中国人会在重要的节日与家人团聚，而这些节日也给了咨询师打开家庭话题的好机会。来访者可能会谈论回家的感受，谈论对父母的感受，这些感受会引发许多过去的回忆和情绪。这是咨询师深入了解来访者家庭信息的时刻。

我曾经有一位来访者，他因为求职和恋爱问题来咨询。一开始，他非常抗拒谈论原生家庭的话题，他认为："既然这些都是过去的事情了，我也没办法改变我的父母，谈论这些又有什么意义呢？"他带着这样的信念开始了与我之间的工作。他在一线城市上班，远离家乡。在我们开始工作的前两年里，每逢过年他都变得焦虑和烦躁，他不想回家，害怕回家。他不想回到记忆中那个冷漠冰冷的家庭，那里没有温情和问候，只有要求和压力。然而，渐渐地，他开始在春节结束后告诉我："我发现我家人现在对我还不错，大家对我都挺热情的，没有我想象中的压力……""我突然发现我对待我女朋友的方式和我爸对我妈的方式很像……"来访者开始意识到他的父母发生了变化，他对父母的认知和感受发生了变化，他对父母的情感和体验也发生了变化。所有这一切都与他最初的信念，即他无法改变父母的观念完全不同。当来访者的这种体验被激活和加强时，来访者的防御机制会逐渐减弱，并主动开始好奇原生家庭对自己产生的影响。

有时，我们必须理解并尊重来访者对避免过多提及父母话题的需求。部分来访者从不主动提及他们的父母，这可能与他们当前的心理发展阶段有关，而我们不宜过度干涉。举例来说，与青春期的青少年交流，如果你希望与他们建立良好的关系，可能需要暂时避开父母这一敏感话题，因为在他们眼中，这可能触及禁区。在青春期，为了更好地认识自我，青少年常常尝试与父母保持一定的距离。我注意到，这样的情况也会出现在某些处于成年早期的来访者身上，如刚开始读大学或者刚刚大学毕业的年轻人。他们会谈论学业、工作、人际关系，甚至恋爱，但往往避免讨论父母，因为他们认为自己应该离开父母，学习独立生活。即使他们需要父母的帮助，他们也意识到父母无法再提供太多的帮助。大多数年轻人都会经历这个独立的过程，然而，那些有过创伤性养育经验的来访者，外表上看似已经停止期待父母的关爱，但内心深处却常常对照顾者充满了失望。这部分与父母情感纠葛有关的主题，有时会在他们与上司的关系和亲密关系中显露出来。

⌘ 社会文化环境

在接受心理动力学训练之前，我有过一段相当长的家庭治疗受训经历。这使我对人的理解采取了一种系统视角：除了关注个人的内在心理发展外，我还很关心个体所处的系统环境对其产生的影响。我想在这里讨论两个方面：社会与时代背景，地域与文化环境。采用系统视角能有效提升咨询师在评估阶段的工作效率，并让咨询师从一个新的角度帮助来访者理解和概念化他们面临的困难。

社会与时代背景

回望过去的 100 年，几代中国人感受到的社会和世界变迁带来的影响巨大，我们的精神世界也因此面临着截然不同的挑战。

从 20 世纪 70 年代末到 2020 年，中国的经济取得了爆炸式的发展。这 50 年的飞速发展时期正好与电脑和互联网技术的兴起相吻合，这些交织在一起的变化对中国人的内心世界产生了深远的影响。出生在不同年代的人，他们所见、所听、所感受到的世界有着显著的差异，这种差异性甚至超过了过去几代人的体验。结果就是，父母与子女之间的心理世界的同步性、调和性和共鸣性逐渐弱化，许多心理问题随之产生。

以出生于 20 世纪 80 年代的一代人为例，他们的父母通常出生于 20 世纪 60 年代，这两代人的矛盾主要源于他们在不同时期的独特需求。60 年代出生的很多人认为拥有一份稳定且体面的工作就是他们的最大追求。然而，对于 80 年代出生的一代人来说，他们的生活水平普遍提高，有些人无法理解父母对节约和节俭的坚持。80 年代出生的人，由于存在一定的物质保障基础，获得一份稳定的工作不再是他们唯一的生活目标，他们开始寻求一些个人理想和精神满足。例如，无论是在公司还是在政府和事业单位工作的年轻一代人，都会有一些个体因为个人兴趣与选择而辞职。这种行为在同龄人中是常见并可以被理解的，但往往会遭到父母和老一辈的强烈反对，可能还会引发激烈的亲子和家庭冲突。

在20世纪80年代，计划生育政策对许多家庭产生了深远影响。当我了解到来访者出生于80、90年代，并且不是独生子女时，我便会探询这一政策是否对他们的出生和家庭环境造成了特殊影响。例如，那些作为第二个孩子出生的来访者的母亲，往往在怀孕期间要格外小心，有时不得不选择在他乡分娩。有的来访者的父母由于生育多个孩子而面临失业，甚至患上焦虑症或抑郁症。当时，这种现象常被许多人习惯性地合理化，忽略了其对个人心理可能造成的长期影响。作为一名心理咨询师，当我得知某人的童年经历了这样的时代背景，我便会自然联想到他们早年可能充斥着生存的焦虑，我会去思考与这些早年生存、死亡相关的焦虑和他当前的生活困境、心理困扰之间的联系。

一位督导生向我报告了一个案例。他刚进行了首次咨询，但对于未来的评估和治疗方向感到困惑。这个案例涉及一名大四女学生，她因为焦虑发作而寻求心理咨询帮助。她自述有社交焦虑的问题，和舍友难以相处，对面试感到恐惧，并对未来毕业后的生活感到茫然。她认为这一切都是自己的问题。

作为心理咨询师，面对表达人际焦虑的来访者，我们通常会进行如下评估。

- 你在与室友相处时遇到哪些具体困难？面对面试，你具体害怕的是哪些方面？
- 你的焦虑程度如何？在感到焦虑时，你是否有有效的方法来调节自己的情绪？

然而，了解到该来访者处在大四这一关键时期，我们会加入更深层次的思考，例如我们会思考压力本身会使人变得敏感和多疑，来访者的人际问题是否是一种情绪压力的表现。

- 在大学前三年，你是否也有过人际交往上的焦虑？你觉得大四和之前有何区别？
- 你觉得毕业的压力对于你的社交焦虑有影响吗？

在谈话中，我觉察到一个关键的时间点：来访者的大学生活受到了新冠疫情的深远影响。她在 2019 年入学，紧接着疫情暴发，并持续了三年。到了 2023 年，当疫情结束时，她已经是大四的学生了。新冠疫情极大地改变了我们的社会和教育系统，迫使许多大学采取隔离措施或转向线上教学，这无形中让面临社交焦虑的学生得以避开他们所畏惧的人际互动。随着疫情的结束，一些原本可能在大一阶段就会显现的人际适应问题，延后到了大四才开始显现。大四本来就是大学生涯中压力最为集中的一年，与焦虑的累积效应相结合，引发了这位女大学生的焦虑症状。因此，作为咨询师，我们会引导来访者探讨以下问题。

- 你的大学四年感觉过得怎么样？

- 新冠疫情对你个人的生活和心态产生了哪些影响？
- 最近，许多讨论都围绕着新冠疫情后的经济形势，不知道这些会带给你怎样的感受？

这些问题看似与来访者的主诉无直接关联，它们并非直指人际关系或焦虑症状，但是这些问题可以提供一个新的视角，让来访者意识到她所处的时代环境如何影响她的情绪、感受和生活，以及为了适应这些变化，她无形中承受了多大的情绪负担。当咨询师能共情地理解来访者的痛苦和处境时，来访者也会逐渐发展对自我感受的共情和理解，从而开始自我理解与接纳，而非自我批评与指责。

对社会和历史背景的敏感性不仅能够增强咨询师的评估能力，而且有助于更有针对性地搜集相关信息。通过系统视角的理解，咨询师能更全面地共情来访者的经历，触及其深层次的情感需求。

地域与文化环境

在美国，由于其独特的移民国家身份，各类文化群体碰撞融合，使得文化多元性成为人文社科类专业的必修内容。在心理咨询或社会工作专业中，对来访者的文化特性的关注也是极其重要的一环。回顾我在中国的多年实践经验，我发现我们也面临着文化多元性的巨大挑战。在我的本科和硕士学习期间，多元文化差异性的讨论并未成为主流议题，然而这正是我在个人执业后深有体会的领域。

文化的差异无处不在，它可以体现在地域差异上。无论是省会城市，还是乡镇地区，它们之间都存在着显著的文化差异。即使是北上广深这样的一线城市，它们之间的文化特性也各不相同，而这些特性与人们的心理问题密切相关。

在深圳执业的那段时间，我发现深圳对心理咨询有着巨大的需求。深圳是一个非常年轻且开放的城市，吸引着大量的外地人口。这里并无明显的本地文化，即使是现在的深圳本地人，他们的父母也大多是在年轻时迁居深圳的。深圳人对各种文化持开放态度，对心理咨询也非常接纳。得益于良好的经济基础，人们并不抵触或困扰于为心理咨询支付费用。在这样一个年轻的城市里，人们都在探索如何在这座庞大的新城市中找到自己的位置，如何展示自我，如何获得认同。他们渴望被看见，渴望实现自我价值，无论是通过增加实际收入，还是通过获得更强的自我认同。同时，他们也渴望联结和归属，因此孤独感也是他们经常提及的情感体验。

在讨论北京时，有一个常用词叫“土著”，与之对应的是“北漂”。“土著”指的是世代生活在北京的本地人，而“北漂”则是那些在北京求学、工作、努力生活的外地人。他们面临着不同的焦虑和困扰。“北漂”们的焦虑来自他们的“漂泊感”，没有户口，没有房子。他们不仅希望能解决现实层面的问题，更是渴望从内心找到稳定和确定感。而“土著”的心理体验则截然不同，他们对自己的身份有着强烈的认同，他们为自己的身份感到骄傲。但随着大量外来人口的涌入，他们感到竞争压力增加。另外，一些年轻人在恋爱和婚姻中遇到的困境常常与他们的身份相关。“必须找一个有本地户口的对象结婚”，这成了有些年轻人面临的恋爱婚姻困扰。

相较于北上广深，像杭州、成都这样的新一线城市的生活节奏相对更慢，人们的生活更稳定，朋友和家人之间的互动更频繁，关系更紧密。这种更密切的环境带来的焦虑主要是关系性的，即人际关系中的冲突和边界问题。如何和原生家庭相处，如何平衡个人需求与家庭需求，如何处理人际关系中的边界，这些都可能成为他们面临的心理议题。

我接待过一些视频咨询的来访者，他们居住在并不那么发达的地级市或乡镇。其中一些来访者接受过良好的教育，在毕业后选择回到了家乡工作和生活。然而，归乡之后，他们感受到了巨大的心理落差。他们对家乡经济的迅速发展以及相对滞后的思想观念之间的鲜明对比感到困扰，他们也体验到由文化差异以及无法得到理解所引发的内心痛苦与孤独。另一些来访者从未离开过他们的家乡，在早年就出现了一些心理或精神问题，但只能通过药物治疗。由于互联网的便利性，他们开始寻找各种心理咨询资源，他们有强烈的寻求帮助的意愿，但由于其受教育水平、家庭经济状况等因素，能否长期稳定地支付咨询费用是他们持续获取帮助的一个巨大挑战。

中国拥有独特的社会体制，不同环境下的人们会有不同的心理需求。同样，不同的行业领域和工作性质也会产生不同的心理特征和问题。国有企业、政府和事业单位曾是 20 世纪 60 年代出生的一些人向往的理想工作单位。然而，对于 20 世纪 80、90 年代甚至 21 世纪 00 年代的一些人来说，他们可能在稳定的工作环境中感受到缺乏自由，感到被束缚，工作边界模糊，缺乏成就感和意义感，容易产生工作倦怠。尽管有的工作非常稳定，但随着社会大环境的变化，身处其中的人仍然难以避免感到焦虑和不安。现在的一些年轻人向往金融和互联网行业的高薪酬，但真正身处其中的人会深知这种环境的压力。许多人谈到某些企业文化所带来的压力，尽管他们得到了高薪水，但这并不能缓解他们的焦虑感，他们依然会有强烈的现实焦虑和对生活意义的追求产生焦虑。

在我的工作中，我会特意地花时间去了解来访者的职业，深入探讨他们对工作的感受和经验。对于成年人来说，工作占据了生活的大部分时间，并极大地影响了个人的自我认知。在现代社会，我们已经超越了基本的生存需求，人们开始追求更深层次的自我价值和生活意义，这使得工作体验变得尤为重要。

他是谁

⌘ 自我认知：自我功能与自体感

在心理学层面，了解一个人意味着了解他的自我，包括自我功能和自体感。

自我功能作为一种心理机制，负责协调个体的内心活动与外部世界的互动，并调节对内在和外部刺激的响应。人们自我功能的强弱往往在面对剧烈的心理压力或外界变故时显现。例如，面对失败和变故，一些人可能会暂时受挫，但能够逐渐恢复并重新积极投入日常生活；而另一些人可能会沉沦于长期的抑郁状态，难以摆脱。在应对挑战时，个体的自我调节能力包括意识层面的主动调节和无意识层面的自动防御机制。在日常生活中，那些能够运用成熟的防御机制并能有意识地进行自我调节的人，通常表现出更强的自我功能。

自体感，也可以称为主体感，是评估自我的另一个重要指标。自体感强调的是个体的个人体验，是个人对自我在意识层面的感知和感受，是个人的精神力量。

经验丰富的咨询师会在与来访者的对话中不经意间评估其自我功能和自体感。咨询师在与来访者进行似乎是“信息收集”的对话时，实际上是在进行评估性的工作。接下来，我将讨论如何通过来访者的基本生活信息来理解他们的自我，如何通过这些看似零散的信息进行整合和概念化。

示例一：有关工作的讨论

我会向来访者询问有关其工作和生活的具体细节，比如提问：“你通常何时开始和结束工作？经常需要加班吗？加班是自愿的还是有一定的强制性？你对此有何感受？”

面对这些问题，来访者 A 或许会笑着回应：“这没什么，生活就是这样，现在社会中的人都这么忙，还有很多人比我更辛苦。”在这种回答中，我察觉到一种压抑和合理化的防御机制在起作用。我会进一步探讨来访者究竟压抑了哪些感受。

来访者 B 可能会表达不满：“都是因为工作太累，老板不近人情，公司文化太过狼性，社会风气如此内卷。”与来访者 A 相比，来访者 B 被压抑的愤怒感更靠近意识层面，更有可能被他自己注意到。但我也感受到了他的被动感和无助感。我将进一步探究是什么导致来访者感到如此无力，他是否有能力改变现状，他遇到的难题是什么。

来访者 C 则对我的提问毫无兴趣，表示："我对上班没什么感觉，我每天就这么过，我也不知道我在做什么，根本谈不上喜欢或不喜欢。"在此，我听到的是一个空洞的自我，一个拥有良好功能外壳但了无生趣的自我，其自体感似乎缥缈不定。来访者在表达他对工作的无意义感。我会进一步思考来访者的自我存在感和意义感的缺失是否仅在工作中显现，还是已经蔓延到他生活的各个方面。

示例二：有关娱乐的讨论

我会询问来访者在空闲时间如何放松和娱乐，例如："你通常如何度过晚上和周末时光？你的娱乐方式有哪些？"

来访者 A 会说："我会给自己安排很多课程，我必须确保完成学习后才能休息和娱乐，否则我会感到非常内疚和自责。"听到这样的反馈之后，咨询师应帮助来访者意识到他拥有的严苛超我，并且意识到其对来访者日常生活的影响，邀请来访者探讨其形成的深层原因。一般而言，拥有严苛超我的来访者可能成长于极为严格或是极度被忽视的家庭环境。对于前者，来访者可能在内化父母的苛刻形象的过程中，同时压抑了对父母的不满与愤怒，这里的关注点是本我与超我的冲突。对于后者，父母的极度忽视可能造成了强烈的生存焦虑，严苛超我则成了他们维持自体稳定的一种防御性结构。这是一种来访者内在的补偿机制，补偿他长期缺乏的父母关爱。在这里，咨询师需要关注的是来访者长期的情感匮乏，以及由于情感匮乏所引发的心理发育的缺陷（即自体脆弱性）的问题。

来访者B可能会说："我喜欢打游戏。"许多年轻的来访者都提到他们会玩游戏，但不同类型的游戏可能体现出他们各自不同的心理需求。比如，那些热衷于玩竞技类游戏的来访者（如《王者荣耀》《炉石传说》），他们在游戏中与其他玩家竞技。很多人沉浸于游戏的竞争过程中，用这些精神上的刺激来转移他们的焦虑。有些来访者告诉我，他们每周都会参加排名赛，获得一定等级会让他们感到快乐。这些来访者在现实生活中可能因学业或职场竞争感到挫败，他们通过游戏成就来补偿受挫的自尊。有些来访者在经过一段时间的咨询之后，开始意识到他们实际上并不是真心享受游戏，而是在利用游戏作为逃避现实焦虑的手段。

另一群来访者倾向于网络角色扮演游戏，在这些游戏中，他们化身为一个角色，并与其他玩家扮演的角色互动。这种类型的游戏为他们提供了填补现实生活情感空缺的可能。他们在游戏世界中的角色经常与现实中的自己有所不同，有时甚至是截然相反的形象。通过了解来访者在游戏中的角色扮演和网络人际互动行为，我可以了解这些虚拟世界的人际互动在满足何种需要，同时更深入地了解他们在现实社交中遇到的挑战和困扰，并理解他们在心理上试图防御的是什么。

此外，咨询师还可以深入了解来访者在游戏中的自体感。

一些玩家可能会通过花钱来获得优势，以此增强他们脆弱的自体感。例如，我接待过的一位来访者分享说："我喜欢当'人民币玩家'，这让我能快速地变强并成为最强的人。然而，当现实生活中的问题不能简单用钱解决时，我就会感到自己一无是处，我会非常焦虑。"这位来访者对"迅速变强"的追求提示着他所使用的全能幻想的防御机制，通过全能幻想来防御内在虚弱而空虚的自体感。咨询师能从中评估来访者的自体发展存在的缺陷，并在后续谈话中试图了解影响他自体发展的成长环境。

还有一位来访者说："我喜欢玩《王者荣耀》，我玩得很好。当我在游戏中时，没有人会知道我是女性，我会受到队友的称赞。那一刻，我感到我被看见了，我不会因为性别而被人轻视。"这位来访者的话反映了她对女性身份的自卑，她将很多被否定和忽视的经历归咎于自己的女性身份，因此她通过游戏来掩盖自己的女性身份，以便重获自尊。咨询师需要进一步探索这部分，帮助来访者将女性身份重新整合到自我中。

在这两个示例中，重要的不是咨询师提出的问题，而是他们如何分析和理解来访者对问题的反应。咨询师应该学会从这些反应中提取有助于评估的信息，并据此确定接下来的谈话方向。有效的咨询过程依赖于咨询师对来访者回应的不断思考，以及在对话中的思维活动和组织结构。对话应当具有目的性，能够逐渐深入展开；如果仅仅停留在表面的提问和回答上，就可能收集了大量信息却无法得到有效整理和深入理解。

对于初入行的咨询师，他们可能需要在咨询结束后，在督导的帮助下整理和理解对话信息。然而，随着经验的积累，咨询师应该能够提升在对话过程中实时理解和整理来访者回应的能力，并能够及时调整提问和对话的方向。这种即时的洞察和调整能力是专业咨询师技能的核心，有助于推动咨询过程的进展，使对话更加有深度和效果。

⌘ 关系模式：理解来访者的人际模式

“凡事皆关系”，这是精神分析取向的咨询师们常常挂在嘴边的话，它反映出了他们处理人类问题的一种独特视角。不论来访者带来的问题是何种性质，我们都无法避开对他们人际关系模式的深入探讨。

当我们开始倾听来访者的人际关系故事时，我们关注的不只是琐碎的是非对错，更在于描绘来访者在人际关系中所扮演的角色，以及这个角色对于来访者的心理意义。

讨好者

“讨好”是一种常见的人际互动模式。当一位来访者总是扮演“讨好者”的角色时，他会在众多的人际关系中努力揣摩他人的想法，以取悦和讨好他人。这种讨好的人际模式可能让他获益，但他可能并未察觉到这种讨好行为导致他内心积压了许多情绪，累积了大量的愤怒。这些愤怒可能会转向其他的人际关系，或者指向自我，从而引发身心疾病。

讨好的人际互动模式并不总是坏的，有时候这种行为是具有文化适应性的。例如，对于 20 世纪 50、60 年代出生的一些人来说，他们可能很少有“讨好”的概念，但他们会用“圆滑”“人情世故”等词来描述这种揣摩他人、取悦他人的行为，因为在他们的观念中，考虑他人，顾及他人是一种优良的个人品质。他们认为这种行为是有文化和社会适应性的，缺乏这种能力的人会被视为异类。但是，对于更年轻的一些人来说，他们更强调自我存在感，他们更愿意在考虑别人之前先考虑自己。甚至他们会偏激地认为，“圆滑”和“人情世故”就意味着对自我的极度忽略。

在临床工作中，发现来访者的讨好的人际互动模式很容易，但是如何帮助来访者理解这种人际模式的心理意义则很有挑战。

我的一位 30 岁男性来访者就有着很典型的讨好人际模式。这位男性从事销售工作，他性情非常温和，且对人十分热情，他的讨好的人际模式在工作中发挥了十分积极的作用。他总是能够第一时间了解客户的需要，并且乐于回应并满足客户的需要，这让他的销售工作业绩非常好。

他之所以来做咨询是因为他总是在亲密关系中受挫。他讲述了几段失败的恋爱关系。每段关系在刚开始的时候都非常顺利，双方对彼此都很满意，可是往往在相处了半年以后，女方都提出了分手。他难以理解自己在亲密关系里到底做错了什么，尽管他试图去按照对方的要求改变，但对方依旧不满意。他对此感到十分沮丧，非常挫败。

这位来访者并非不善于人际交往，也非不懂人情世故。

他礼貌、懂得界限，拥有很多朋友，也受到他们的喜爱和认可。但当关系需要更深入发展时，他总是遇到困难。

在详细讨论他在亲密关系中的表现时，我帮助他发现了讨好模式在亲密关系中存在的两个致命问题：第一，讨好者缺乏自我存在感；第二，讨好的行为阻碍了真实的人际情感联结，阻碍了关系的深入发展。

例如，这位来访者很少表达自己的观点。当伴侣询问他一些个性化的问题时，如“今天你想去什么餐厅”或“你想点什么菜”，他通常会回答“我都可以”。他认为自己的“随意”代表好相处和随和，但他的伴侣，作为 20 世纪 90 年代出生的女性，却觉得这是没有主见和原则的表现。久而久之，伴侣觉得他缺乏自我意识和魅力，认为他只适合做朋友，却不适合深入交往。

此外，当一个人总处在“讨好”的位置时，他很少关注和意识到自己的情绪，习惯压抑不满和愤怒。他以为自己不介意，已经释怀，但这种不满和攻击性往往以被动的方式出现在亲密关系中。另外，由于他无意识地隐藏了自己的真实情感，也阻碍了与伴侣更深层次的情感交流，伴侣感受到一种无法触及的距离，觉得他哪里都好，是个好好先生，可是又总觉得有些不对劲。若伴侣双方无法以真实情感联结彼此，关系则难以有深入发展的机会。

回避者

“回避”也是一种常见的人际模式。来访者可能会在意识层面上认识到自己的回避行为，但对于那些根植于深层无意识中且被防御的内在恐惧，他们可能尚未有所觉察。换句话说，来访者往往会看到行为表象，但无法理解行为的意义。因此，作为咨询师，我们不仅需要识别来访者的回避模式，还需要帮助他们看到并深刻理解他们在无意识层面上所回避的是什么。

当我们谈论“回避”的时候，有时候我们指的是一个人对于人际冲突场景的回避，有时我们指的是他们对亲密关系的回避，也就是一种回避型的依恋模式。

回避冲突

许多来访者的人际困扰源于对人际冲突的回避，这会在他们的职场环境和家庭环境中的人际交往过程中体现出来。他们看似在回避现实层面的某种冲突情境，比如避免与他人的竞争或争论，但实际上，他们可能在内心世界中回避自我具有攻击性的一面，也同时恐惧因感受愤怒情绪而让自己崩溃。

当我们深入探索时，来访者有机会接触到他们内心幻想世界中狂野和暴力的一面，他们害怕一切会失控，导致自我毁灭。人们害怕触碰自我原始本能的部分，害怕失去自我，害怕被本能的力量所控制和淹没。心理咨询的力量是看见的力量，当一些东西被看见的时候，它们会变得平静，会被驯服。发挥这份力量的武器是语言，语言是人类强有力的心智武器。

你会观察到，两岁左右的孩童常常会表现出极端的情绪波动。这不仅是因为他们正处于分离焦虑的高峰，也是因为他们还没有能力将复杂的情感用语言表达出来。但随着他们语言能力的成熟，能够用语言来表达情绪，孩子们逐渐能够更好地管理自己的情绪，不再完全被情绪的波涛所控制。同理，当一个成年来访者开始察觉到自己内在的原始情绪，并且能用语言来准确表达这些真实的感受时，他就不再在情绪和情感的旋涡中一丝不挂地暴露着。语言此时就成了他的强有力的武器，帮助他不被情感所吞噬。

回避型依恋

除了对冲突的回避，我们在临床中更多地会遇到具有回避型依恋模式的来访者。这类来访者通常会因为亲密关系的困扰而寻求咨询帮助。回避型依恋的人往往给人留下“表里不一”“言行不一”的印象，甚至有时会被评价为“渣”。他们或许明知喜欢某人，却会推开对方，或者看似冷淡，却又担忧孤独终老。这并非他们品行不佳或是故意为之，而是他们回避型依恋模式的表现。

来访者中的回避型依恋者表面上似乎自给自足，不显露出对亲密关系的需求，实则对亲密的渴望超过常人，对分离的恐惧也更为剧烈。他们内在极度敏感，对被拒绝和失望的感知尤其强烈，他们力求自我保护，免于遭受这些情绪痛苦，因此采用了回避疏离的策略。他们可能会不停地告诉自己要“独立”和“依赖自我”，试图降低对依赖他人的渴求，但这并非真正意义上的独立，而是他们害怕一旦依赖他人，就无法面对分离时的恐惧和无助的痛苦。

回避型依恋的来访者通常在童年时期无法从严格或疏远的父母那里感受到足够的关爱。他们常常感到情感上的孤立无援，难以信任父母会给予他们必要的支持。因此，他们学会了假性独立，内心深处拒绝依赖他人。这些经历导致他们失去了对他人的信任，即使深度渴望依赖与关系，内心深处的恐惧也会驱使他们回避，以免再次经历失望和痛苦。

在与回避型依恋的来访者进行工作时，他们与咨询师的关系也会呈现出若即若离的状态，他们会不断地调节与咨询师的距离，确保自身的“安全”。面对这样的来访者，咨询师需要提供充分的包容空间，以促进咨询关系的发展。如果咨询师过于热情主动，或者给予过多的解释和诠释，可能会被来访者感知为一种侵入式的体验，从而触发来访者的回避防御。

牺牲奉献者

我还想讨论一种在人际互动中常见的行为模式——自我牺牲。在集体主义文化中，牺牲与奉献的精神深深根植于个体的超我之中，常受到鼓励、赞扬和强化。然而，牺牲奉献有时也可能演变成一种心理防御机制，形成一种假自体，阻碍个体接触到自己真实的内在需求。当个体持续扮演牺牲者时，他可能会忽视自己的需求，无法为自身的权益挺身而出；而持续充当奉献者的人，可能会发现自己难以接受他人的帮助和关怀。他们会将个人需求投射给他人，通过关照他人来防御自身的脆弱感，以及借维护与保护他人来抵御内心的无力感。

表面上无私的牺牲奉献者，实际上可能在无声地表达对他人的不信任感——他们不相信别人有能力照顾他们，也不敢完全放心地依赖他人。因此，牺牲与奉献也可以成为关系中的一种控制。与一个倾向于过度牺牲奉献的人相处，刚开始你会感觉对方尤其体贴，非常慷慨豁达，但时间久了，你会感觉到一种奇怪的不舒适感。尽管你得到了照顾，但你可能会感到不舒服，因为你会觉得自己被婴儿化，感到被贬低，甚至觉得失去了成年人的尊严和平等，你很难在这种关系中感受到自我价值。而当你向对方表达这种感受的时候，时常会被对方感知为一种攻击和拒绝，对方会感到极其受伤或者自责。

我曾听到一位男性来访者描述自己的母亲，他的母亲是一个过度牺牲奉献的母亲。然而，这位来访者却极度反抗和抗拒他的母亲。在他的体验中，他感受到的并不是母亲的爱，而是一种束缚和被控制的恐惧。这也是我们现在经常提到的“令人窒息的爱”，牺牲奉献型的照顾者往往表现出全能控制的特质，这在一些亲子关系中非常常见。

另外，我在医生、教师和心理咨询师的群体中也经常遇到具有这一类人格特质的人。在心理咨询师的群体中，有一部分人可能具有“奉献情结”或“拯救情结”。如果咨询师无法意识到自己内在的奉献情结其实来源于自己不断防御的脆弱性和无力感，或者无法意识到自己的拯救情结实际上源于对被拯救和救赎的渴望，那么他们就可能会在特定的来访者面前产生强烈的反移情，从而影响咨询的进展。

⌘ 人格特点

面对相同的挑战，每个人都有一套独特的心理模式和行为模式，这就是我们所说的人格。人格犹如指纹，是每个人心理特质的独特标识。了解一个人的人格特点，就能够熟悉他的心理活动模式，并预测他的行为及决策。

作为咨询师，我们通过对话理解来访者的人格特点，对人格的起源保持好奇并进行解读。在谈话过程中，来访者逐渐增加对自己人格特点的理解，充分认识自己意识层面的所思所想，探查无意识层面的矛盾冲突与内在需求，最终咨询师帮助来访者增加对自我内在世界的充分理解，并获得对自我的改变。

在下文中，我将从认知特点、情感特点、防御机制和自尊四个维度描述来访者的人格特点。我将具体探讨如何在临床对话中评估来访者的人格特点，如何根据人格特点进行干预，以帮助来访者实现对自我的深度理解和改变。

认知特点

人格特点中，最容易理解和辨识的是一个人的认知特点。即使是没有受过专业训练的普通人，也可能通过直觉觉察到某人的异常，比如认为某人反应不够灵敏或者觉得某人的行为有些古怪、不正常。

咨询师有更精准的表达来描述一个人的认知特点。

- 认知思维的特点：抽象发散的、具象集中的。
- 思维过程的特点：迅速的、迟缓的。

- 认知信念的特点：合理的、不合理的、灵活的、固着的。
- 异常思维的特点（精神病性思维）：思维散漫、思维破裂、被害妄想、思维被广播。

评估来访者的认知特点有许多重要的作用。

第一，评估来访者的认知特点有助于识别来访者是否存在精神病性问题，是否适合进行心理咨询，或者是否需要转介给精神科医生进行进一步的评估和可能的危机干预。举例来说，那些正经历严重精神病发作的来访者可能会报告他们觉得自己会受到他人的伤害或陷害，他们的言论可能会非常混乱，缺乏基本的逻辑性。这类来访者需要被转介给精神科医生，可能需要药物治疗，并在他们恢复现实检验能力后再进行心理咨询。

相比于精神病发作的来访者，咨询师更常遇到的是具有偏执型人格特质的来访者。当咨询师评估发现来访者的人格中存在较重的偏执成分时，需要特别重视咨询关系的建立。在安全的咨询关系尚未完全建立的初期，咨询师不应轻易挑战来访者的偏执部分，因为这可能会被来访者理解为一种攻击，甚至会引发来访者攻击性的行动化。

咨询师需要承认来访者的判断，但不应仅停留在对偏执想法现实层面的认同和合理化，这可能会加深来访者的偏执观念（如“我觉得你的判断很有道理，很合理”“你的老板确实图谋不轨”）。相反，咨询师应该深度共情来访者偏执背后的焦虑和恐慌感，理解他们的偏执特点可能起到了一种保护性的防御功能，这些可能源自他们早年不安全的生活环境。

例如，咨询师可以说：“当你感觉到有些不对劲的时候，你可能会感到非常焦虑，这一下子打破了你的安全感”“你可能不确定你是否过于敏感，但在你的体验中，这种敏感性一直在保护你的安全”，以及“你可能不确定你是否应该停止对他人的猜疑，因为你不确定你现在的生活环境是否已经变得安全，是否已经和你童年的环境有所不同”。这样的表达方式可以帮助来访者更好地理解自己的经历和感受，并帮助他们向着更积极的方向发展。

第二，通过评估和干预认知，我们可以帮助来访者实现改变。认知行为疗法的基本观点是，许多人遭遇的心理问题源自他们的不合理信念和不灵活的认知方式。有时，我们能够清晰地意识到自己对某些客观事物的态度和想法，例如政治立场或理论观点。然而，有些时候，我们可能并未完全意识到自己的认知过程是如何形成和发展的，但我们已经习惯性地根据这些认知结果来行动和反应，例如我们可能会有一些偏见或者自动化的思维过程。

通常，这些我们并未意识到的认知并不一定会给我们带来麻烦或困扰。因为认知神经科学已经发现，人的大部分思维过程并不会被我们在知觉层面意识到，我们真正意识到的认知过程只是冰山一角。然而，只有当某些认知与个人发展或环境适应产生冲突时，我们才需要进一步觉察和分析这些认知，并尝试调整它们，以形成更有适应性的认知。

一位深陷灾难化思维困扰的来访者可能会将日常的小挫折极度夸大，陷入无尽的恐惧之中。他们或许会因手上的一道小伤口而陷入恐慌，担忧感染破伤风或败血症；或者，伴侣一次不接电话就被误解为发生了意外或不忠；一次未能通过的全国大学英语四级考试（以下简称“四级考试”）可能会在他们心中引发一系列的连锁反应，认为自己永远无法通过，因此就不能毕业，不能找到工作，婚姻生活也将无从谈起，人生也就此一败涂地。这种灾难化的不合理信念把他们推向最糟糕的预期，助长了他们的焦虑情绪。如果来访者未能觉察自己的自动化思维模式和认知风格，他们可能在现实生活中不断遭遇挫折和焦虑，甚至恐慌，从而导致心理问题的加剧。作为咨询师，我们的任务是透过表象探索和辨识这些不合理信念，并指导来访者提升自我觉察，反思和矫正这些不合理信念，增强自我接纳能力，以减缓焦虑情绪。

在咨询师进行认知评估时，我们不会对任何一种不合理信念进行深度干预，但可以尝试给予评估性反馈。咨询师也可以根据来访者的当前反应，观察他们是否具备心理学头脑。这为后续的干预工作提供了基础。

这里有两个对话片段的分析示例。

示例一

来访者：我现在大二，我最近非常焦虑，因为我四级考试没考过。我会担心我之后都考不过，那我就不能顺利毕业，我也找不到工作，我就更没办法结婚生孩子，那我的人生岂不是完蛋了？

咨询师：考试失败是非常挫败的事情，但好像这一次的失败会让你产生一系列的糟糕的联想，这些糟糕的联想让你非常焦虑。

来访者：是啊，你说得对，我发现我总是会这样，一件事情不顺利之后就会想到很多更糟糕的后果，但是事实上最终的结果并没有那么糟糕。我记得有一次……那次事情也没有我想得那么糟糕，最后结果还挺不错的。

咨询师的话语引发了来访者对自身焦虑和认知过程的反思和深思。如果来访者在对话、思考和联想的过程中，焦虑逐渐减轻，那么这就意味着咨询师在来访者认知方面的反馈起到了一定的干预作用。我们可以预见，这次谈话对来访者产生了积极影响，并且该来访者可能有机会进行更深入的心理动力学的探索。

示例二

来访者：是啊，每年只有两次四级考试的机会，我已经错过了大一的两次机会了，我之后剩下的机会不多了，我如果考不过就真的完蛋了。

咨询师：可以感受到你的焦虑，而且你似乎对于自己之后的考试非常没有信心。

来访者：是啊，我英语一直都不太好，这次我认真复习了很久都没过，我太绝望了。

咨询师：自学一门外语确实不容易，你有想过找一些人帮助你吗？

这段话体现了来访者正处于一种高度焦虑的状态，其思维模式显示出强烈的具体化倾向。他坚信自己的观点是正确的，并用各种所谓“现实性”的因素来强化自己的焦虑。目前，来访者似乎缺乏内省的能力，难以对自身的焦虑进行更深层的分析。因此，作为咨询师，采取支持性和资源导向的干预手段是至关重要的，这有助于拓展来访者解决实际问题的能力。

在咨询的评估阶段，特别需要注意的是避免让来访者感觉到被评判或责备。我们的目的在于找出困扰他们的问题，而不是让他们感觉自己是问题所在。在实践中，避免使用如“你的不合理信念是长期问题的根源”或“你的想法导致了你现在的痛苦”等可能引起来访者防御的表述尤为重要。尽管咨询师的话语可能是正确的，但这样的表述可能会让来访者感到受到攻击和伤害，因为它们可能让他们觉得自己的痛苦是因为他们自身的错误，或者他们做得不够好。因而，咨询师的分析尽管准确，但如果时机和方式不当，它们便无法达到治疗效果。真正产生治疗效果的是，来访者感受到咨询师对他们的痛苦有着深刻的同理心，并且意识到尽管他们经历痛苦，但这并非他们有意造成。我通常会对来访者说：“也许这些想法一直在给你带来痛苦”或者“似乎即使你注意到了这些信念和想法，它们还是自动地在影响着你，给你带来痛苦”。

情感特点

对于新手咨询师来说，理解情感特点往往比理解认知特点更具挑战性。在我们的教育体系中，对认知理性的学习机会远超过对情感感受体验的学习机会。要了解一个人的情感特点，我们需要暂时放下理性，尝试以自己的情绪和感受来学习。

在理解一个人的情感特点时，我们首先需要明白什么是情绪和情感，以及它们的来源。例如，在进行婴儿观察研究时，我们知道新生儿的情感发展远早于认知发展。新生儿一出生就开始有情绪和感受的体验，从出生时感受到羊水温度的变化，到出生后首次体验到饥饿，再到随着成长而感受到的生长痛。他们会通过哭泣、面部表情和肢体语言来表达他们的感受。这些情感的产生与他们的内在需求是否得到满足有直接关系。若人的需求得到满足，就会产生积极的情绪，反之则会产生负面情绪。

对于刚出生的婴儿来说，他们的需求主要与身体感受有关。两个月大的婴儿可能会因为饥饿、无法自己入睡或是肠绞痛而哭闹。在这种情况下，母亲通常会竭尽全力响应孩子的需求，以期减轻他们的痛苦情绪。

然而，随着婴儿的成长，他们的需求会逐渐增加，从单纯的物质需求逐渐转变为精神层面的需求。人的需求是复杂的，甚至可能会相互冲突。这也解释了为什么人们在成长过程中，烦恼会随之增加。因为我们的需求不再单一且容易满足，更不用说那些相互冲突的需求。在面对难以应对的需求时，人们就会产生复杂的情绪和情感。两岁的孩子可能会因为无法自己穿上袜子而哭闹。他们会感到沮丧和挫败。然而，即使你主动帮助他们穿上了袜子，他们可能依然会哭泣，因为他们的需求并不仅仅是穿上袜子，他们更需要体验到自己穿上袜子的那种自主和有能力的感觉，而这是父母无法替他们完成的。这是一个痛苦但必须经历的成长过程，是每个人成长过程中都会遇到的情感挑战。

在父母与子女、恋人、朋友之间的关系中，情绪感受都是极其复杂的。因为人类关系的本质包含了无法被完美满足的需求和不可避免的失望。如果我们对一个人只有爱，或者只有恨，那么我们的内在情感体验会更为单纯、更为容易些。但现实中，爱与恨往往交织在一起，这种情感的复杂性通常是心理痛苦的来源。

人与人之间的互动会引发各种情绪。同样，我们与社会和世界的互动也会引发许多情绪。当我们成功时，我们可能会感到骄傲、喜悦和感慨；当我们失败时，我们可能会感到难过、沮丧和挫败。这些情感的波动是我们要融入和适应社会所需的不可回避的部分，也是我们人类经验的重要组成部分。

例如，一个男人被破格提拔，获得晋升机会，升职加薪并且职业前景十分乐观。但是他需要被调去外省公司，这使得他要与自己的妻子和孩子长期分开。

在这个例子中，这个晋升机会满足了他对事业发展和成就感的需求，但同时也剥夺了他享受家庭情感的机会。因此，他一方面感到高兴和满足，另一方面又感到沮丧和失落。甚至，这种两难的困境可能会让他感到焦虑和烦躁。

评估一个人的情感特点包括对个体情绪体验和情绪表达方式的评估。

情绪的主观体验指的是个体对不同情绪和情感状态的自我感受，即内部的纯粹感受。在临床工作中，我们高度重视来访者对情绪的主观体验。他们能否感受到情绪，感受到哪种情绪，感受到的情绪的色彩和强度是怎样的，这些情绪与周围的环境是否相协调，都是我们需要进行评估的内容。

在前面提到的晋升案例中，我们可以根据三位来访者的不同反应来评估他们在情绪体验方面的人格特点。

咨询师：当你知道这件事情的时候，你有什么感受？

来访者 A：刚开始听到这个晋升机会的时候，我心里特别高兴，我努力了很多年终于有了一点儿起色。可是当我知道我要被派到外地的时候，我内心是纠结的，因为我不想和我的妻子、孩子分开。

这位来访者具有较强的情绪感知能力，并能清晰地描述自己内在的情绪状态。他能够清楚地表达出自己的正向情绪、负向情绪，以及复杂的混杂情绪。这表明这位来访者具有较好的自我觉察力。

咨询师：当你知道这件事情的时候，你有什么感受？

来访者 B：我感觉还好，没什么特别的感觉，我努力这么多年，怎么着也该轮到我了。但是对于我要被派到外地的事情，我有点儿不知道该怎么办。毕竟我孩子还小，我妻子也要上班，这就很麻烦。

这位来访者是理性且情感隔离的状态，在他对于事件的主观体验的描述中，他很难体验到感受，他的内在体验停留在了认知层面和问题层面，没有内在情感的自我感受。通常情感隔离的来访者也很难留意到个人内在的需要，他会将生活知觉成一个一个的任务和关卡，他要不断地完成任务和突破关卡，但是没能停下来感知内在的需要以及所伴随的情绪。

尽管刻板印象里，我们会认为男性来访者更容易呈现理性和情感隔离的心理特点，这与社会对于男性理性和冷静的期许有关，但是我越来越发现，情感隔离也开始普遍地出现在了女性来访者，尤其是文化教育水平较高的女性身上。这也说明了，认知发展和情感发展是两条截然不同的发展轨迹。认知发展良好的个体，并不意味着其情感发展也很好，甚至可能情感发展极度滞后。另外，人的情感发展遵从“用进废退”的原则，情感隔离容易出现在从事某些特定工作的人群中，例如律师、医生、计算机工程师等。当个人情绪和情感在日常生活中被忽略，情绪情感难以被看见和充分释放时，情绪情感会退化，变得淡漠、麻木甚至消失。

咨询师：当你知道这件事情的时候，你有什么感受？

来访者 C：我以为我会很高兴，但是我一点儿感觉都没有。我怀疑我是不是得了抑郁症，我对很多事情都没有热情，没有激情，也没有什么特别的感觉。我确实觉得活着没什么意思，但是我也不想去死。

这位来访者的情绪体验似乎与常态有一定的偏离。他无法感受到与周围环境相协调的情绪，具体来说，他感到生活中缺乏积极情绪，常常伴随着疲劳感和对生活的无意义感。这与通常的情绪波动，如快乐、悲伤或愤怒不同，他的状态更接近于抑郁情绪。抑郁是一种阴性情绪，会引发不快的感觉。抑郁本身并不是异常，但当它的程度加重或持续时间过长时，可能对个体的心理健康造成损害。根据来访者的描述，他表现出了抑郁情绪状态的特征，如情绪低落、丧失兴趣和快感，以及价值感的缺失。然而，要确认是否达到抑郁症的临床标准，还需要更深入的评估与诊断。

与来访者的情绪工作：关注情感

情绪是一种内在的能量，这种能量源源不断地在我们体内产生并释放。情绪表达是让能量释放的方式。当一个人缺乏适当的情绪表达途径，或者情绪表达被阻碍时，情绪的能量就可能被压抑并积攒起来。如果积攒的情绪不能得到有效的释放和缓解，它们可能以爆发的方式释放出来，对生活或人际关系产生破坏性的影响。

当我们的对话开始触及情感主题时，治疗也就开始了。当咨询过程中出现任何情绪的涌现时，咨询师需要让对话的节奏放慢，并尝试在这个时刻停留更长的时间。然而，在探索情绪的过程中，很多初学者可能会遇到困扰。他们可能会像例行公事般地询问来访者“你有什么感受”，但往往不能真正地停留在那个时刻。

下列几种回应是咨询师试图在情感层面工作时的尝试，每种回应的使用情况都大不相同。

（1）“我留意到刚才你谈起外婆的时候眼眶都红了，你想多谈谈你的感受吗？”

这是一种试探性的回应，特别适合应对来访者情感的初次流露。情感的暴露往往伴随着脆弱感，因此试探性的回应可以减少侵入性的感觉。有些咨询师可能会选择在情感初次流露时保持专注并沉默，通过观察了解来访者情感自然表达和消退的全过程，从而评估来访者如何与自己的情绪感受相处。

（2）“那个场合下发生了很多事情，你有什么感受吗？”

这是一种直接的询问，我们可以通过来访者的回应来了解他们对自身情感的觉察能力。有些来访者能够很好地捕捉到内在的体验，而有些人则可能更理性，与情感隔离。

（3）“我留意到好像很多次你谈起外婆的时候眼眶都红了，但是很快你恢复了平静并转移了话题。”

这是对来访者情感表达的观察和反馈，目的是增强来访者对情感的觉察。情感的变化是非常微妙的，加上每个人的防御机制，情感很容易被忽视，而咨询师则需要抓住这些瞬息万变的时刻。

（4）“我不知道为什么，但我感觉每次我问到你的感受时，你似乎都不太舒服，有些烦躁。你愿意谈谈吗？”

这是一个温和的面质，希望来访者正视那些他们可能在回避的情绪。有些来访者是有意识地逃避情绪，有些则是无意识的反应。这种温和的面质适用于咨询关系相对稳固的阶段，因为无论是有意识的压抑还是无意识的抑制，都意味着这些情感可能威胁到来访者的自尊或自我完整性，只有在良好的关系中，来访者才不至于变得更防御。

与来访者的情绪工作：关注反移情

咨询师通过感知反移情来理解来访者的情感特点是非常重要的。有时，我们可能能够体验到与来访者非常同步的情绪，而有时我们则能感受到来访者被压抑或无法表达的情感。我们可能看到来访者非常平静，甚至看似轻松地讲述着多年前的事情，然而我们坐在对面却可能会感到想要流泪的悲伤；同样，我们可能看到来访者笑着吐槽自己的老板，然而我们却能感受到强烈的愤怒将要喷涌而出。当咨询师处于情感隔离的状态时，他可能难以深入地感知和理解来访者的情感体验。因此，关注来访者的情感特点之前，咨询师需要能够开放地了解和接纳自己的情感特点。

防御机制

防御机制是来访者内在世界对刺激的一种无意识反应，

用以保护内在世界的平衡。防御机制的出发点是好的，但是如果个体早期的生活环境较为恶劣，这个人的内在世界会为了适应这种恶劣环境而形成过于僵化和原始的防御机制。这有可能让来访者无法适应日益变化的新的环境，也会阻碍来访者的成长。换句话说，伴随着成长，我们需要拥有具有适应性和灵活性的防御机制，否则我们的内心发展可能会卡在某个成长的时刻。我有许多来访者，他们小时候生活在物质和精神贫瘠的小山村，即便他们长大后考上大学、生活在大城市，他们依然感觉自己无法摆脱那种贫瘠而匮乏的感觉，其中有很大一部分的原因也来自他们的防御机制无法与当下的新环境相契合。

防御机制的产生是无意识的，其主要目的在于保护我们的内心平衡。也正因如此，它使我们难以察觉自己正面临的真实痛苦，自动地将其否认、隔离、合理化或投射到他人身上。然而，如果连我们自己都无法理解自己所承受的痛苦，我们就很难明白自己需要何种帮助，也无法明确我们努力对抗的“敌人”是谁。这正是心理治疗的难点之一。我们需要穿透这个一直在保护我们的自动化的心理机制，去理解我们的痛苦，并建立一种新的、有意识的应对世界和痛苦的方式。

治疗过程本身往往伴随着痛苦，有时被形象地比喻为“揭开伤疤”。这种过程常常会引发人的本能抵抗。治疗中的心理痛苦，可能会让来访者质疑，这是治疗还是另一种折磨，痛苦带来的焦虑也可能诱发出偏执的幻想。关于这点，我想分享我生活中的一个体验。由于工作性质，我需要长时间坐着，常常感到肌肉紧绷，腰背酸痛。我会定期去盲人按摩店，让专业的按摩师傅帮我缓解身体的僵硬。我发现，在按摩过程中，我身体右侧的疼痛更为突出。按摩师傅解释说，这是因为我右侧的损伤更严重。尽管我得到了这样的解释，但内心却涌现出许多疑问："真的太痛了，什么时候才能结束？""这些疼痛是被按摩师傅按出来的吗？如果他不按，我会不会就不痛了？""我右侧更痛，是不是因为按摩师傅在按右侧时用力过猛？"每当疼痛来袭，我会自动地将痛苦归咎于外部，期待这种痛苦能快点结束，甚至会生出愤怒和怨恨："他怎么不能轻点儿按？怎么不能让我感到舒适些？"作为被治疗的人，心理治疗与盲人按摩有极其类似的体验。在咨询工作中，我会告诉来访者，心理治疗的过程可能并非完全舒适，但我同时也希望他们能将治疗过程中的不适感告诉我，而不是一味地合理化或压抑这些痛苦的感觉。必要时，我会根据来访者感受到的治疗痛苦调整治疗进程。我不希望被看作傲慢和冷漠的权威者。建立新的应对机制是一个漫长而充满未知的过程，只有当来访者完全信任咨询师，并相信咨询师会全心全意地为他们的福祉考虑时，他们才有可能放弃原有的防御机制，勇敢地走向改变。

要深入理解来访者的防御机制对其自我意识的影响，咨询师需要借助自身情感的共鸣去感知和体验防御机制所产生的感觉。换句话说，咨询师的反移情实际上成了协助来访者理解自身无意识防御机制的关键工具。

有些来访者给人的印象仿佛他们身着华美却不属于自己

的衣裳，他们的言辞逻辑严密，条理分明，然而总给人一种不真实的感觉。遇到这种情况，我会思考来访者是否构建了一个“假自体”（false self），他们依赖这样一套虽华丽却不贴身的外衣来维持自己的内在世界。这个“假自体”可能是由压抑、理性化和合理化等防御机制构筑而成，它的存在帮助来访者避免直面那些曾经带来威胁的真实感受和幻想。虽然这个“假自体”能使来访者在日常生活中保持功能性，但它也可能限制了真实自我的成长和表达。

有些来访者让你觉得他们的行为言谈有些荒谬和孩子气，他们会采取一些让人生气或愤怒的行动，但当你听到他们的动机时，你可能会觉得这些行动既滑稽又可笑，就像是看到一个五六岁孩子的天真行为和无邪的思维。孩子的想法和动机可能是纯真的，但其破坏性和攻击性却极强。孩子的唯一优势是能够获得他人的谅解，因为大人会更理解和包容他们的幼稚和无知，理解他们尚未成熟的自制力和待发展的心智水平。因此，那些心理年龄与实际年龄不符的来访者才会生活得如此艰难，他们的心智发展停留在孩子的阶段，但已经失去了孩子的优势和特权，他们在人际关系中遇到困难，无法准确理解他人的意图，也无法获得他人的理解。对于这类来访者，他们的防御机制通常较为原始，如否认、投射或理想化，同时他们的自我觉察和反思能力也很弱，因此，咨询师可能会发现让他们认识到自己的无意识防御过程的难度较大。

无论是对待心智功能较强还是较弱的来访者，咨询师都很少直接与他们讨论“防御机制”这个专业术语，我们并不打算通过防御机制野蛮分析来访者，这会使他们感到被评判。这种方式不仅会唤起来访者的无意识防御，还可能损坏咨询关系，妨碍治疗的深入。然而，如果咨询师能准确识别出来访者的防御机制是如何运作的，并能帮助他们理解自己的防御机制的合理性，这对深入治疗至关重要。

在与一些来访者的工作中，我也会观察社会文化环境对个人无意识防御机制的影响。如今，在高等教育机构中，新入学大学生的抑郁症状越来越普遍，而抑郁的发生可能与他们对大学的理想破灭有关。每位新生都充满斗志，希望在新环境中展现自我。然而，随着大学生活的开始，一些学生会遭遇挫折和失望，发现所谓的大学生活并非他们之前听闻或期待的那般。对大学的理想化，不仅仅是个人的行为，也是父母、学校甚至整个社会推动的结果。诸如“备战高考很辛苦，但是上了大学就不再辛苦了”“读了大学就会有好工作，过上好日子，所以现在拼命也要考上好大学”“只要上了XX大学，万事就都容易了”等观念在高中阶段是有效的防御机制，它帮助人们度过了竞争激烈的学习生活，并保持内在动力，激励他们继续努力。然而，如果一个人对理想的追求过于坚定，那么当他进入大学后，任何挫折和失望都可能导致理想破灭，引发巨大的愤怒，增加对生活不确定性的恐惧，从而陷入抑郁。

在与这类来访者的工作中，咨询师需要做的并不是指出他们理想化的防御机制并要求他们放弃不切实际的期待，直面现实。反而，咨询师需要透过防御机制，洞察来访者内心深处的焦虑和恐惧。这才是理解防御机制在临床工作中的真正意义。咨询师应深入理解来访者所构想的美好大学和美好世界的形象，理解理想化防御机制所产生的强大驱动力对他们的重要性。毕竟，如果没有这些理想化的信念作为支撑，他们可能难以度过对他们来说漫长而痛苦的高中时光。只有在充分理解和共情的基础上，咨询师才有可能接近来访者内心的失望、愤怒、不安和恐惧。只有这些情绪被充分理解和看见，来访者才有可能完成哀悼，重新接纳现实。

自尊

自尊是什么？自尊是一个人对自我认知的确定感，涵盖了对自我想法、情感感受，以及价值观和理想信念的确信。

我们经常会听到来访者说他们是低自尊的人，希望能提升自尊。然而，当我们请求他们进一步描述为何有这样的看法时，他们通常难以明确表述。对于许多人来说，自尊是一个十分整体且抽象的概念，它是一种自我感知，可能让我们感觉良好或者糟糕，但我们可能并不能清晰地描述出来。如果一个人有自己明确的想法和观点，但会因为权威的说法与自己的观点不合而否定自己，他可能就存在自尊方面的问题。帮助来访者梳理并描述有关自我的画面，就是在帮助来访者重新找回自尊。

一个人拥有稳定的自尊，并不意味着他的每一个行动都是明智且正确的；反之，一个行事明智的人，也未必具备坚实的自尊，甚至有可能深陷于自卑之中。自尊的稳定性是由个体对自身的主观感受决定的。换言之，即使面临全世界的否定和质疑，只要他能坚持并相信自己的想法和感受，这个人的自尊应该被视为相当稳定。这种心理素质常常在众多名人和伟人身上显现，如爱因斯坦和弗洛伊德。

然而，值得我们注意的是，高水平自尊和妄自尊大的自恋是两回事。具有良好自尊的人，会让周围的人也感受到这种自尊的力量。在一个自尊稳定的人的陪伴下，你不会感到自惭形秽，反而你会觉得自己被尊重，你的自尊仿佛获得了新的力量。而与极度自恋的人相处，常常会发现他们通过贬低他人的自尊来维持自己的自尊，长期与这样的人相处，会对自身的身心健康造成极大的损害。

中国人的自尊问题

在我看来，中国来访者在自尊发展中面临一些文化特性。

第一，自尊的建立本身就是一个复杂且艰难的心理成长过程。人在童年时期高度依赖家庭与父母，因此，早期的自尊发展往往受到外部环境的深刻影响。理想的自尊成长路径是从“别人认为我很好，所以我也觉得自己很好”逐渐转向“我真正认为自己很好”的自我肯定过程。这一过程既依赖外部环境的支持，也需要内在自我发展的动力。

在中国的集体主义文化中，我们从小被教导要尊重他人，重视集体的价值。当自我与环境的反馈一致时，自尊的发展是和谐的；然而，当二者不一致时，例如“他人评价我不好，但我认为自己表现不错”，个体内心可能产生强烈的冲突。

此外，在一些家庭中，“集体文化”或“传统观念”被僵化地应用于家庭规则，比如“少数服从多数”或“家人都是为你好的，你不应该抱怨”，这使得个体的个性化需求、思想和情感未得到充分的重视。长期被忽视和否定的内在情感和思想会削弱自尊发展的活力，甚至导致自我厌弃和自我否定。同时，个体的防御机制可能会自动合理化这些观念，并强化“约定俗成的观念是正确的”的信念，这进一步阻碍了自尊的发展。

自尊的健康成长需要个体对自我有充分的确信，但如果一个人总是依赖“他人观念”或“社会观念”，就难以获得足够的心理空间来发展独立的自我观念。自我的声音无法被确认和肯定，使得个体难以真正理解并确认自己的自尊。

第二，现代人都十分渴望成功，可是成功却没有被好好定义过，且每个人都有着自己心里的“成功标准”，每个人也将其看作人生的目标和方向，不断努力。例如，“考上北大清华就是成功”“去大厂工作就是成功”“结婚生子就是成功”。然而，人们越来越多地发现，成功不等同于快乐。因为寻求成功的过程中，人们要牺牲和妥协很多，自尊有可能就成了被妥协的一部分，这也是许多“成功者”可能付出的沉重代价。

许多来访者的困扰就源于此，他们发现自己总是在做那些被认为是对的事情，他们知道这样做对自己、对家庭都有益，但发现自己越来越迷茫，越来越失去动力，甚至开始自我怀疑，他们不知道问题出在哪里。最大的问题可能在于，他们所做的那些“正确”的事情，并不一定是他们真正想要做的事情。他们想做的事情，可能并不会带来世俗意义上的“成功”。他们该如何定位自尊和自我，在他们内心深处引发了巨大的挣扎。

关于自尊的第三个方面，便是中国人深深植根的羞耻感。这种羞耻感并不仅仅限于个体，它根植于家庭、社群，乃至整个社会。许多时候，羞耻的感受是不能言说的。我接触过无数“只许成功不许失败”的来访者，他们的生活原本一帆风顺，直到遇到挫折，生活被瞬间推翻，陷入混乱。在他们的世界观中，失败是无法接受的，犯错是极其羞耻的事情。他们越是出类拔萃，就越感到焦虑，因为他们生怕有朝一日会暴露在失败和犯错的羞耻之下，到那时，他们将无地自容。有如此强烈羞耻感的来访者，一般都内化了来自家庭的羞耻感。在这种家庭环境中，成年人对错误和失败毫不宽容，他们无法坦然面对挫败。在失败和挫折面前，自尊被碾碎，自我变得支离破碎。这也进一步导致在此环境下成长的孩子，他们无法学会在失败后如何保有自尊地从失败中爬起来。

发展自尊的闪光点

一个人的外在成就和行为表现与其内心状态可能存在巨大的鸿沟。了解这一点对新手咨询师至关重要，这使他们能够更深入地共情那些自尊低下的来访者，而不只是停留在表面的鼓励，比如说“其实你已经做得很好了，只要再自信一些”。在进行热线服务督导时，我常常发现新手咨询师试图通过鼓励性的话语来缓解来访者的焦虑。虽然我不反对这种做法，但我会强调，这样的话语通常只能提供短暂的慰藉，而不足以帮助来访者构建长期且稳定的自尊。

在热线服务中使用鼓励性话语是可以理解的，但心理咨询的目标远不止于此。要想成为一名合格的心理咨询师，我们需要认识到，心理咨询不同于简单的安慰与鼓励。那些自尊低下的来访者可能成长于严厉或冷漠的家庭环境。他们的童年缺少积极的鼓励和认可，但问题的核心在于他们内在的自我缺乏被倾听和共情的经历。这种缺失导致他们难以认识和理解自己的真实自我。他们只能接触到碎片化、片面的自我，更无法理解这种支离破碎的自我状态。

我接触过众多来访者，他们共同面临的挑战是“无法相信自己”。他们似乎受困于一种客观的评价标准，每当他们的感受或想法与这些既定标准不一致时，就会自动地采纳这些外在标准，同时轻视和否定自身的感受和想法。然而，在我的观察中，这些来访者并非在所有时刻都会自我怀疑或自我否定。在某些看似微不足道的领域里，他们或许能够感受到自我价值。在咨询过程中，我特别注意倾听那些自尊发光的时刻，并探讨这些时刻对他们的特殊意义。通常情况下，来访者都意识不到自己在那个时候有着良好的自我感觉，他们也可能会习惯性地否定这些时刻的价值。看到来访者体验到这些珍贵的时刻，我感到由衷的喜悦，并且我会小心地指出他的这种良好的感觉和他习惯性否定了这些感觉的矛盾。我的很多来访者并非不能相信自己，只是习惯了不去相信自己。

我曾遇到一位来访者，他长期被自卑感所困扰，总觉得自己微不足道，仿佛自己不过是尘世中的一粒尘埃。他坐在那里的姿态，总是尽力将自己蜷缩得更小。然而，在一次咨询中，他谈到了自己烹饪的爱好，他喜欢为他人烹调美食，想象着别人品尝美味时的幸福满足感，这给了他极大的快乐。我意识到，他内心深处渴望着被人照顾的感觉，这种渴望源于他的童年，那时他的父母忙于自己的事，很少有机会让他享受一顿热腾腾的饭菜，更不用说美味的佳肴了。随着我们对美食和餐饮业话题的深入，我注意到他的声音变得更加洪亮，眼中闪烁着光芒，表达了许多独到的见解和评判。在那一刻，我认为他与内在的自我建立了联系，感受到了自己真实的需求和这些需求所激发出的激情与活力，这些正是他走出自卑阴影所需的力量。

如果来访者喜欢游戏和动漫，那么了解他们所选择的游戏角色和偏爱的动漫人物有助于了解他们的自我，因为这些角色是他们自我的延伸，也是他们的自我认同。在学校表现较差的青少年可能在游戏中展现出色能力甚至取得优异的竞技成绩，这是因为他们在游戏世界中拥有良好的自尊状态，他们相信自己且自我坚定、自我确定。当一个人屡屡在学业竞争中受挫时，其自尊会受到严重打击，甚至出现退缩和逃避的行为。但如果他们能够在游戏或动漫中找到自尊的避难所，那这些自尊被保留住的良好体验或许会在未来成为他们自我发展的内在力量。

深入谈话

移情关系

“精神分析”这一术语容易让人望文生义。不甚了解的人可能会将其误解为纯粹的“分析”活动——一种高度理性化和理智化的工作模式。许多新手可能会错误地认为，动力学治疗的目标在于对患者进行深入的分析与解读，而这种误解显然是不全面的[1-3]。确实，精神分析拥有其理论化与理性分析的方面，然而，在临床实践中，它更多的是一个情感密集的过程。咨询师不仅要观察并倾听患者的情绪世界，更需要勇敢地投身于情感的旋涡之中。

精神分析的诠释并非一种理性的逻辑推理，而是用语言理解来访者的体验，对其体验进行共情性的确认，并对此进行思考的过程。“诠释可以将患者的体验用语言表达出来，特别聚焦于体验中的潜意识方面。很多诠释提到的是确认患者体验的功能，在本质上它们是共情的复杂反映，在承认患者感受的基础上更进一步告诉患者我们理解他们的窘境。”[4]

在咨询过程中，咨询师不仅解读来访者带来的故事，也解读在咨询师与来访者之间即刻发生的故事——移情分析。在咨询的早期阶段，这类解读通常围绕来访者的现实生活，如其与父母、伴侣、子女、同事和朋友的关系。在此时，咨询师往往表现出强烈的共情能力，并能紧贴来访者的情感体验。然而，随着对话的深入，当来访者开始将情感明确地投射到咨询师身上时，咨询室中的气氛可能会变得紧张，甚至连呼吸都感觉吃力。这种时刻是进行移情工作的重要时刻，也是极具挑战性的时刻。

在精神分析的实践中，移情被认为是来访者将他们过往的关系模式再现到当前的人际互动中，包括与咨询师建立的治疗关系里。虽然来访者可能对这些早先的关系已无具体记忆，但在治疗的进程中，这些关系却会通过他们的行为、情绪以及思维方式不经意地表露。

在临床实践中，移情的表现形态极其复杂，因此咨询师不宜对个案所呈现的移情持有任何事先的假设，这样才能够敏锐地捕捉到移情现象的关键时刻。处理移情的工作绝不仅仅是理智层面的分析，更多的是在情感层面的共鸣与体察。咨询师需要将自身置于咨询当下的情绪浪潮之中，无论是风平浪静还是汹涌澎湃，都要能够置身其中而不是抽身离开，去感受这个浪潮带给来访者以及咨询师自己的情感冲击。唯有如此，咨询师才能有效地利用移情，与来访者展开深入的治疗性工作。

面对来访者的恶毒谩骂，咨询师不会像在其他生活情境中那样回以激烈反应，而是会探究这是来访者与哪段过往关系的重演，并反思自身的哪些特质或行为促成了这种情境的再现。这为咨询师和来访者提供了重新审视这些互动对关系的影响的机会。而当来访者表现得非常理解和合作时，咨询师不会沾沾自喜，反而会注意到这种“礼遇”是否也是一种过往关系模式的再现，并深入理解来访者的真实情感。

咨询师该如何运用移情与来访者进行工作，这一直是学习者的一个困难。移情能否有机会得到讨论，这就像是钓鱼一样，是一个时机性的问题。而有经验的钓鱼者可能对于时机的把握会更胜一筹。一个钓鱼者能否很好地注意到浮漂的动静，这与经验很有关系。新手咨询师通常可能会过于敏感和小心，时不时就想拉钩确认一下鱼饵的情况，这往往可能会惊吓到鱼儿们；又或者过于大意，错过了时机，鱼儿已经游走。我会在这一章谈谈移情学习的体验、移情工作的挑战和契机。

咨询师移情学习的体验

假如你还没有在你的临床工作中感受到某种来自移情的痛苦情绪，你就还没有真正开始学习移情。学习移情工作的体验是充满了委屈、恐惧和挫败感的。咨询师会在书本、课堂上学习很多移情的理论以及技术，但只有当咨询师在临床中真正开始体会到强烈反移情的时候，才是学习如何进行移情工作的时候。

⌘ 反移情之委屈

成为一名优秀的动力学咨询师，意味着要学会面对来访者的“抱怨”，甚至鼓励来访者表达对你的“抱怨”。这是咨询师训练中的关键一环：勇于感受和面对与来访者的冲突，直面与来访者有关的情感时刻。

人们常问，身为咨询师是否会感觉到委屈。从某个角度看，我的回答是肯定的。所谓“委屈”，是指感到自己的内心体验未被充分理解或认同。对咨询师而言，面对来访者的连番抱怨时，这种感觉尤为明显。一方面，抱怨可能是源自移情的产物，这时咨询师成了来访者生活中其他人的情感替罪羊，承担了本不应由他们承担的责任。来访者向咨询师倾诉的往往是他们本应向他人表达的不满。另一方面，来访者的期望可能是强人所难和不切实际的，他们自己没有意识到这一点，而咨询师已经倾尽全力。这些情况综合起来，不难理解咨询师为何会感到委屈。

若要帮助咨询师很好地处理这些反移情，则需要咨询师有一个情绪空间或一段关系，允许其自由地抒发情绪甚至表达抱怨。换言之，咨询师也十分需要一种能够坦诚表达真实感受的关系，无论那是生活中的亲密伴侣，还是一段密切的咨询治疗关系。这就是为什么动力学咨询师需要进行个人体验。动力学咨询师的个人分析是他们训练的一环，无论咨询师认为自己是否有必要进行个人体验，这都是他们必须充分投入的一项任务。咨询师需要在个人体验的咨询关系中体验到充满张力的情感关系。真实而长久的情感是复杂的，不是简单纯粹并且理想化的。这里的复杂包含了感受到被关爱，感受到亲密无间，感受到被理解和支持，但同时，也会感受到失望，感受到怨恨，感受到委屈，会想要攻击，会产生冲突。只有当一段感情可以承受复杂而浓烈的情感时，关系才会变得更坚韧与牢固。

⌘ 反移情之害怕

在学习移情工作的过程中，咨询师常常会感受到恐惧，这是一种普遍的体验。每个人所感受到的恐惧各有不同。咨询师不应忽视自己的恐惧感，也不应尝试去压抑或为其找合理化的理由。相反，咨询师应该充分体会这种害怕的感觉，并深入理解自己所害怕的是什么。

第一，我们担忧来访者会崩溃。我们知道，刻板而原始的防御机制虽然在人格发展和适应性方面带来诸多问题，让个体隐藏并压抑真实的自我和情感，但它们同时也起到关键的保护作用，特别是在维护脆弱的自尊、避免羞耻感和自我解体威胁方面至关重要[5]。因此，当动力学咨询师愿意深究来访者的内心世界，并可能挑战他们既有的心理模式时，不免会产生担忧，害怕这种深度的探讨可能导致来访者崩溃。

第二，我们对咨询关系的稳定性同样充满担忧。当来访者表现出强烈的攻击性，难以接近时，咨询师担心移情讨论可能会激发他们的敌意甚至攻击行为。咨询师内心可能会构想出一场激烈而失控的移情讨论场景，担忧自己在这种情况下会完全丧失作为咨询师的角色，丢失自我感，并与来访者一起陷入崩溃，从而让艰难建立的咨询关系瞬间崩解。

一位实习生告诉我，她害怕讨论移情是因为担心与来访者发生冲突。她的成长经历中，家庭的不理解和不尊重使她形成了一种通过情绪爆发来争取发言权和自我空间的模式。当面临与来访者探讨移情的时刻，她不自觉地回想起与家人的争执场景。她担心在强烈的情绪波动中失控，与来访者共同陷入混乱。

在随后的督导期间，我们通过角色扮演来练习处理移情的技巧。她观察我扮演咨询师的角色，注意我的用词和态度，逐渐学习如何有效地处理敏感、尖锐和激烈的议题。通过这个过程，她开始理解，直接而真诚的互动并不会导致关系的破裂。对于那些有类似个人成长背景的咨询师来说，无论是在他们自己的成长过程中，还是在个人分析或督导的工作中，亲身经历并领悟到真诚而坦率地讨论关系不会带来破坏性后果，都能显著提升他们开展移情工作的能力。这种经验对于他们在面对挑战时保持专业角色和情感稳定是极其宝贵的。

在任何深入而持久的人际关系中，冲突甚至争执是在所难免的现象。然而，争执可以分为两类：建设性的和破坏性的。建设性的争执尽管伴随着情绪的释放，但能够促进双方有效的沟通；与之相对地，破坏性的争执则丧失了沟通的目的，仅仅沦为情绪的发泄，有时还会升级为人身攻击。

在心理动力学治疗中，我们无意与来访者发生争执，我们的目标是共同直面关系中的问题。但如果咨询师意识到某些关系问题而来访者似乎在有意或无意地避开对关系的讨论，咨询师会感到焦躁。当咨询师直接指出这一现象时，咨询关系的张力会达到高点。在讨论移情时，我们真正追求的是与来访者充分探讨我们之间的关系动态，理解关系中的裂缝及信任断裂的根源，并有机会深入讨论我们之间的所有互动，通过言语交流而非避而不谈。

虽然对讨论移情的恐惧可能根植于咨询师的个人议题，但督导者可以通过指导他们学习如何用言语来与来访者讨论关系，一定程度地来帮助咨询师克服这些挑战。当学习者能够内化并掌握这些技巧时，他们能帮助来访者面对自身对关系的深层恐惧与焦虑，并借由语言描述回想起一些影响深远的关系情景。至关重要的是，咨询师应该为来访者营造出一种新的人际体验——即使面对冲突和负面情绪，这个空间也能够容纳自由表达，而不会导致关系的破碎和崩解。这种新的体验本身就具有疗愈的力量。

第三，我们也害怕自己作为咨询师的自尊会受损。来访者的话语，如“你对我没什么帮助”“这次谈话就像聊天一样”“我感觉自己没有任何改变”这样的反馈可能会深深触及咨询师的敏感神经，对于仍在培训阶段的新手咨询师来说，打击尤为沉重。面对这样的评价，不少新手咨询师会失去探究来访者痛苦的能力，转而沉浸在自我怀疑之中。他们害怕进一步了解来访者的真实感受，因为这可能会重创他们尚不稳定的自尊心。

在我当实习咨询师的时候，每次听到来访者发表类似评论性质的讲话，我的大脑都会不由自主地“嗡”地一响，然后警觉地进入防御状态。接着，内心便充斥着种种防御的声音：“这真的是我的问题吗？”“是不是这位来访者缺乏自我反省？”“他怎么能说我没有帮到他？他的生活已经有所改善，症状也减轻了。”这些防御性的念头，反映出了我当时所体验到的强烈的反移情。来访者的话语触动了我内心深处的不安和不确定感。

但是，我逐渐意识到这些反移情其实源自我作为新手咨询师时的自我怀疑。我急切地想要证明自己是一名合格的、有用的咨询师，以至于对任何形式的质疑或否认都无法容忍。

我完全沉浸在自我感受中，偏离了作为咨询师应持有的客观立场。我忘记了来访者可能并不是在真正否定或攻击我个人——他们所表达的可能只是对治疗过程的失望，或对自己未来的迷茫和无助。由于被自己的无力感所困，我未能在关键时刻去感同身受，去理解来访者此刻的无力和脆弱。然而，随着经验的积累，当我感受到攻击和被指责时，我学会了更加敏锐地识别这些无意识的防御反应。现在，当我能够真诚地映射来访者的情绪时——“听到你说我没有帮助到你，我感到了你深深的失望。我们能否多谈谈这个感受呢？”——我不仅在帮助他们，也在建立起一种真实的情感联结。这样的对话为他们敞开了一扇门，通往与咨询师之间真挚的情感联系。

移情工作的挑战

在动力学咨询师的学习过程中，对移情进行处理可能是最困难的事情之一。

对移情进行工作需要极大的细心、耐心和勇气。咨询师需要细心观察移情的表现形式和规律，耐心等待适当的时机，并且要有勇气尝试和承担可能的失败后果。当一次移情解释工作失败以后，咨询师应该细心观察移情的变化，并耐心等待下一个机会的出现。通过持续认真、深入地观察和体会与来访者的关系，咨询师可以更好地理解和处理移情，从而促进来访者的治疗进程。

对于新手咨询师来说，移情工作的挑战让他们感到焦虑，这种焦虑会影响他们对移情的处理。通常情况下，新手咨询师会有几种常见的反应：一种是他们不敢主动开启移情话题；另一种是移情工作浮于表面，浅尝辄止，很容易被来访者的防御机制所影响而转移话题；还有一种反应是他们会长驱直入、过于果断地进行移情解释，但往往这是来访者无法接受的。来访者可能会出现防御性的反应（拒绝或否认解释，对解释感到困惑或者愤怒，甚至撤离），这会让咨询师感到非常沮丧和挫败。接下来我会分别讨论新手咨询师临床中的这几种常见困难。

⌘ 主动开启话题

不敢主动开启移情话题，是许多咨询师的一个困难。动力学咨询师在受训过程中总是被要求“靠后”，这样做是为了给来访者更多的空间进行联想和表达。因此多数时候，咨询师扮演着观察者和解释者的角色。但是，在处理移情这件事情上，咨询师需要勇敢迈出第一步，采取主动。

在我与多种多样的来访者互动的过程中，无论是那些具有较稳定人格结构和较强心智功能的人，还是那些自我感不稳定、极其脆弱的个体，我注意到他们实际上都对咨询师谈及移情的话题持开放态度。当咨询师主动与来访者探讨移情时，是向来访者透露了自己对于关系的在意，这种罕见的自我暴露通常会激起来访者的好奇心。我认为，这种好奇心是有其积极意义的。

如果咨询师与来访者之间已经建立了一种正性移情，那么来访者往往会自然地对那些咨询师感兴趣的话题产生兴趣，因为他们喜欢咨询师并愿意了解咨询师的思考。相反，如果咨询师和来访者之间出现了负性移情，咨询师能够将其拿出来讨论，而不是避而不谈或是仅仅表面上安抚，这种做法可以帮助来访者认识到自己在人际冲突中的行为模式和无意识的幻想。在中国文化中，有句俗语“给一个台阶下”，它描述了在人际关系出现僵局时，尽管人们希望解决问题，但常常期待对方采取主动。仅当一方愿意采取主动，给出“台阶”，使得对方可以“下台”，这种僵局才有可能被打破。中国人在人际交往中常见的婉转和回避行为，同样会体现在咨询关系中。因此，如果咨询师能够主动搭建沟通的桥梁，开启关系话题的讨论，这不仅是对来访者的自尊和自恋给予了尊重和体谅，也是一种积极的、治疗性的介入。

⌘ 避免浮于表面

心理咨询是谈话，但不是社交。虽然社交性的行为和反应是时常存在的，但若咨询师与来访者的互动仅限于社交层面，便无法触及关系讨论的核心，从而使得对话浮于表面，浅尝辄止。

我的咨询室里有一面挂钟，来访者和我都可以看到。有一次，当咨询接近尾声时，我瞥了一眼钟表，这一小动作竟引起了来访者的强烈不满。她质问道：“你又在看时间，难道你就那么希望我快点儿离开吗？”作为咨询师，查看时间原是再平常不过的事，然而面对来访者的这番严厉指责，我感到既意外也有些不舒服。当咨询师感觉不舒服的时候，咨询师的回应对于来访者往往尤其重要。

在通常情况下，面对愤怒的人，人们可能会选择道歉或解释，希望能够平息对方的情绪。他们可能会说："我没有想要你赶快离开的意思""对不起，让你产生了误解"或者"别生气，听我解释一下"。咨询师在现实层面上向来访者进行解释，可以作为一种情绪缓和剂，有助于缓解紧张情绪，安抚来访者。对于那些内在结构特别脆弱或者具有偏执特质的来访者，适当的解释是很有必要的。

然而，这些现实层面的解释，虽能提供安慰，却不具有治疗性作用。心理治疗的目标不仅仅是情绪的安抚，而是希望引发来访者对自身内在心理活动的深入反思，帮助他们理解在人际关系中引起强烈情绪的根源。针对我的这个例子，如果已经到了咨询的结尾，那么深入探讨可能并不合适，但咨询师可以真诚地邀请来访者在下一次的咨询中进行讨论，例如，"我们今天的时间已经不多，无法深入探讨刚才发生的事情，但我希望我们下次能有机会继续讨论这个问题"。同时，咨询师应当在后续的咨询中找到恰当的时机，回到这个话题上来。

如果来访者在下次咨询一开始就直接谈论上次的事件，无论他们带着怎样的情绪状态——不安、愤怒或是疏远——咨询师都应当对他们愿意开启这一讨论的行为表示欣赏和支持。咨询师可以回应道："我很感激你愿意开启这个对话，和我一起探讨上次发生的事。"

如果来访者在新的咨询会话开始时并没有提及上次咨询

末尾发生的事情，咨询师可以主动提起：“我注意到我们并没有继续谈论上次咨询结束时发生的事情。我记得那时你感到非常愤怒，我认为这很重要，希望我们能有机会进一步讨论。”

对于那些在新的咨询会话中没有提及愤怒情绪，反而表达对咨询师的依赖或感激之情的来访者（例如，来访者在这次咨询中谈论了当周发生的事情，被咨询师充分共情和理解），咨询师可以通过承认他们当前的感受，同时回到上次咨询末尾发生的事情来引导对话：“我很高兴我们今天的谈话能够让你觉得被支持，这对我来说非常重要。但是我也记得上次我们结束时，你对我看时间的行为感到愤怒和受伤。也许我总是让你有许多复杂的情绪。你是否愿意多谈一些？”

移情工作的重点在于看见来访者在关系中的情感体验。

有时，透明的现实层面解释可以让来访者体会到咨询师的真诚与开放，创造出愿意深入交流的空间。然而，在某些情况下，这样的解释可能反而加剧问题。如果来访者有一个自恋的内在客体表征，现实层面的解释可能会让来访者认为咨询师是以自我为中心的，想撇清关系，不想承担责任，认为咨询师永远看不见也不愿承认他造成的痛苦。如果来访者有一个操控的、欺骗性的内在客体表征，现实层面的解释可能让来访者认为解释是另一种欺骗，咨询师只是想用冠冕堂皇的理由掩饰内心糟糕的意图。

因此，在这些充满情绪的时刻，我们应当做的是看见并确认来访者此刻的伤痛，以及他们长期以来对被重要他人所伤害的怨恨和对被抛弃的恐惧与悲伤。

⌘ 保持敏感性

保持敏感性是指我们对发生在咨询师和来访者之间的任何小事、来访者的任何反应，都保有好奇和关注，不会主观性地忽略或合理化任何细节。咨询师和来访者之间的小事有很多，如来访者的付费、迟到、取消或忘记咨询，咨询师的休假、更改时间，来访者的梦。

我们来看一个咨询对话片段。在这段对话中，咨询师试图探究忘记咨询这一行为，但并未能深入下去。

咨询师：你好，这周怎么忘记时间了？

来访者：昨晚我儿子拿我的手机去玩了，我手上没有手机，我一下子也忘了。

咨询师：你才开始做咨询，对咨询不太熟悉？

来访者：我也没记得，下次一定注意。

咨询师：我们咨询协议上提到，如果下一次还遇到类似的情况，我就会收取费用。

来访者：我明白了，实在不好意思，下次我记得上一个闹钟。

讨论遇上阻碍是常事，当来访者给予一个现实性的回应时，我们该怎么继续讨论呢？

首先，我们需要先了解事情到底是什么。咨询师会说：“我理解现在大家都非常依赖手机，不过我很好奇，为什么没有手机会导致你忘记咨询？”有时候来访者给的现实理由经不起推敲，但因为咨询师自动地合理化了这些理由（如，来访者对咨询不熟悉），而未再深入了解下去。

其次，除了了解现实情况，咨询师也可以从情感的层面切入这个话题的讨论："当你第一时间意识到你忘记咨询的时候，你当时是什么感觉呢？"当来访者开始谈论感受的时候，也开始谈论他的幻想与投射以及其他防御机制，咨询师可以借此机会做进一步的评估。

另外，可以结合来访者主诉内容做更多的延展性的讨论。

如果来访者原本的咨询议题与情绪障碍相关，咨询师可能会探索忘记咨询这一行为与情绪症状的严重性是否存在联系。咨询师或许会这样询问："你之前提到你近期情绪十分波动，我在想，你的遗忘是否可能与你的情绪状况有关？在生活的其他方面，你有没有遇到类似的遗忘情况？"

如果来访者的咨询议题涉及人际关系，那么咨询师可能会更加直接和大胆地提出与移情相关的问题："你认为这次忘记咨询会不会和我们上次的对话有所关联"或者"你觉得这种遗忘与我们之间的关系有没有某种联系"。咨询师不是期望来访者能够像回答教科书问题那样给出肯定的答案，而是更加注重观察来访者对这类问题的反应，以及他们是否愿意探索这种无意识遗忘背后的心理动力。

梦和移情有很多联系。因此，梦也是开启移情谈话的契机。

我的一位来访者与我分享了一个她的梦境，这个梦境映射了我们近期的互动。她梦到自己在训练一只狗，命令狗进食前必须等待。她准备好食物，但压住狗的头让它等待十秒钟，狗似乎很不愿意，摇晃着头表示抗议。

在她做这个梦之前的几次咨询里，我们一直在讨论咨询时间调整的问题。由于夏令时结束调整为冬令时，咨询时间从中国时间晚上 9 点变成了 10 点。这一变化引起了她的焦虑。她重复询问是否有其他时间选择，但实际上 10 点是我们唯一可行的时间。虽然这个时间对她来说并不是完全不能接受，但她仍然感到了不适，觉得自己缺乏选择，而且对于必须在这个时间见面感到很不舒服。

我提出，这种缺乏选择的感觉可能在某种程度上反映了对失去自主权的担忧，类似于她梦中那只被迫等待的狗。这种无助和愤怒的感觉可能使她感到十分屈辱。我的解释似乎使她感到一定程度的释怀，她意识到自己对于被迫服从的深层愤怒——即使我没有直接要求她必须做什么。她体验到了一种无法反抗的屈辱和无法表达的愤怒。在对她的了解中，我知道这些情绪的源头是她在原生家庭里早年的遭遇。然而，目前我们的首要任务是专注于这些情绪如何在我们的咨询关系中显现，我想提供一个空间，让她能够自由地表达受时间变动影响而产生的情绪反应。

⌘ 注意时机

移情从咨询开始时就存在，并贯穿于整个咨询过程中。然而，可以对移情进行讨论的时机却不是随时都有的。如果抓住了恰当的时机，来访者就能够更加深入地理解和意识到自己与咨询师之间的情感联系，并可能在这个过程中对人际关系议题有所领悟。这可以说是理想状态下探讨移情的结果。

在实际的咨询中，讨论移情往往是一条充满挫折的泥泞路。大部分的讨论只是投石问路，随着咨询师整体工作经验的增加，随着与这位来访者工作经验的积累，咨询师才会更有机会靠近这个好时机。

虽然我们难以预见何时为探讨移情的最佳时机，但我们可以避免选择那些明显不合适的时刻。例如，当来访者首次咨询时，他们可能会表现出强烈的焦虑和情绪波动。随着咨询的深入，这种焦虑感通常会有所缓解。然而，由于生活本身的复杂性，以及“改变并不总是线性进展的”这一事实，来访者在经历了一段情绪相对平稳的时期之后，可能会再度遇到巨大的焦虑。这时，他们可能会感到极度沮丧、愤怒和无力，有时会将这些情绪投射到咨询师身上，质疑甚至批评咨询和咨询师的效用。

在这时，咨询关系的张力很大，但这并非处理移情的恰当时机。在此时提出关于移情的解释，可能会被来访者视作咨询师的自我防御或反击。这样的做法不仅可能剥夺来访者表达愤怒的空间，还可能触发他们更激烈的愤怒情绪。来访者此时的需求是一个稳固而富有同理心的空间，一个能够承载和帮助他们处理那些难以承受、混沌和撕裂的情感体验的“容器”。即使咨询师被投射为一个“坏客体”，也仍需维持“好客体”的功能。如此，来访者才能在内心整合对“好”与“坏”的认知，避免重新经历被“坏客体”攻击或吞噬的恐惧。只有当来访者从偏执–分裂的位置走出，经历了一种新的关系性体验之后，咨询师对移情的解释才能被真正理解和接受。

大部分来访者会无意识回避对移情关系的讨论，但也有来访者会将移情关系讨论作为一种防御，保护他免于面对现实中的痛苦。

有一位女性实习咨询师报告了她的男性来访者的个案。这位来访者难以与女性建立亲密关系，并且正在经历第二次离婚。他在咨询中展现了对女咨询师的不满、失望和愤怒。咨询师认为这是他将与母亲关系中的情绪投射到了她身上，并试图从起源学的角度进行解释。然而，这种探讨似乎并无实质进展，而且她观察到来访者的抑郁情绪有所加剧。我的看法是，这位来访者实际上需要关注的是他在生活中的丧失，以及他对前妻的未得到充分探讨和表达的情感。当他谈及咨询师时，实际上可能是在间接地表达他对前妻未完结的关系的困扰。因此，咨询师若在此时依然从起源学的角度解释咨询关系中的移情，这与来访者的内在感受不一致。在这个个案里，咨询师需要关注来访者所防御着的对于失去前妻的悲伤，以及在与前妻关系中的失望与愤怒。

移情工作的契机

⌘ 当情绪不再那么剧烈的时候

在咨询初期，来访者常常会淹没在强烈的情绪之中，他们努力在这些情绪的冲击下寻找喘息的空间。因此，在咨询的开始阶段，他们往往无意中引导咨询师集中关注其所面临的困境，而咨询的焦点也通常集中在缓解其症状上。随着咨询的深入，来访者的情绪逐渐平稳下来，可能会在咨询中露出轻松和愉悦的表情。但当他们在这种放松的心态下与咨询师目光相遇时，他们可能会突然提出一个问题："我还需要咨询多久？"这个问题可能会让咨询师猝不及防，引发咨询师的焦虑，让咨询师开始担忧来访者的真正意图，他们是否想要结束咨询，或者对咨询有所不满。

有时，咨询师可能因为内心的焦虑而在现实层面上与来访者讨论，对来访者的问题直接回应，甚至开始具体规划和讨论咨询的时长。但当我们过于关注具体的事务性问题时，我们会忽略对关系本身的观察。当来访者不再被痛苦的情绪淹没时，他们开始注意到坐在对面的咨询师，这种注意力的转移——这个目光的交流——触发了来访者对关系的好奇和焦虑。

我们可以假设，当来访者询问"我还需要咨询多久"时，他们实际上可能是在自问。这个问题背后隐藏着对咨询关系的诸多疑问和不确定性：如果问题不再存在，是否意味着该离开了？如果我不想离开，我们继续相处的意义何在？咨询师是否愿意见我？咨询师是否喜欢我，是否对长期见面感兴趣？当这些疑问浮现时，来访者可能会陷入新的焦虑之中。特别是那些有依恋问题的来访者，可能会更难直面与咨询师的关系。

在我的咨询实践中，我遇到了一些一开始非常焦虑的来访者，随着情绪的缓解，他们逐渐展现出移情的迹象。有一位男性来访者，他因为工作上的人际问题来咨询，刚开始的时候他非常焦虑。在几次咨询以后，他的焦虑有了明显好转。

有一次，他带着两杯奶茶来到咨询室，自然而然地将其中一杯放在我的桌上。他解释说："我注意到你通常只喝白水，我总是一个人喝饮料，有些单调，所以今天我想也为你买一杯。"这个举动为咨询带来了一抹微妙的色彩，仿佛我们之间的互动不再仅限于专业咨询，而带有了某种类似恋爱般的暧昧。我谨慎地探讨了这杯奶茶在我们关系中的意义。我对奶茶的拒绝让他略感失落，但同时让他更加放松——他意识到我不是那种需要他特意取悦的人。尽管他是个魅力十足的男性，他与女性间建立的无意识暧昧关系经常给他带来麻烦。在本质上，他并非真心想与这些女性发展深入的关系，而是不自觉地去取悦她们，以此来获得一种控制感和确定感。

⌘ 当来访者迟到的时候

关于迟到的讨论，我们需要逐步深入，既关注现实层面的原因，也要有机会讨论移情层面的原因。

有些来访者在迟到之前会提前通知，告知可能会稍晚到达或预计延迟的时间；而有些来访者可能会在到达后才向咨询师解释发生了什么情况。对于迟到，来访者通常会提供一些客观因素，例如老板要求加班、睡过头或遇到交通拥堵等。

咨询师在讨论迟到时，并不希望来访者将其感觉为一种批评指责或者规则性的要求。咨询师谈论迟到的真正目的在于了解迟到的原因，通过这个原因来探索来访者的内在心理，包括来访者无意识构建的内在幻想，以及来访者对咨询师产生的某种情绪感受。我们只是希望借此机会进行更深入、关注情感和关系的讨论。然而，来访者未必能理解这一层含义，尤其在中国文化背景中。我们从小就被教育不能迟到，迟到会受到惩罚，这种观念已深深烙印在我们的成长过程中。因此，一旦咨询师提及迟到这个话题，就可能引发来访者的一种超我评价性的焦虑，很可能会对这种讨论产生刻板印象，并认为咨询师只是想要来访者遵守某种规则或者咨询师因为规则被打破而生气不满。

为了让来访者理解我的用意，我会充分站在来访者的角度，意识到他们的敏感。我会注意语气和语调，用真诚且温和的方式与他们交谈：“我注意到你今天迟到了，我们讨论这个不是因为我想要责备你。我之所以与你谈论迟到，是因为我觉得这个迟到可能对你来说是一种损失。你为咨询时间支付了钱，但是时间却没能用上。我不知道你对于这样的损失是何种感受？”通常情况下，当来访者意识到我对于这个问题的关注和理解时，他们可能会放下戒备心理，开始更加开放地表达自己。

加班

在与来访者讨论因加班迟到的情况时，我首先会询问这种情况发生的频率及其对他们个人生活和其他安排的影响。这有助于我了解他们的感受。很多来访者可能会条件反射般地回答：“这是没办法的事情，我已经习惯了。”这样的回答可能是他们对内心不满情绪的一种自我合理化方式。我会鼓励他们在这里展开更多讨论。在中国，尤其是在大城市，加班文化普遍存在，常常被视作工作常态。但是，对于这种“习以为常”的现象，我们需要注意的是，它可能掩盖了个人情感的表达和诉求。

当来访者说“这是没办法的事情”时，我会倾听背后可能隐藏的沮丧和无力感。通过认识到并表达对这些微妙情绪的关注，我可以帮助来访者更深入地探讨和表达他们的内心感受，包括对迟到的真实想法。

我也观察到，一些来访者会将对加班文化的不满转嫁到咨询安排上。例如，有位来访者经常因为工作要求调整咨询时间，尽管他总是提前至少 24 小时通知我，但这种调整引起了我的关注。在第四次讨论时间调整时，我提议是否能找到一个更加稳定的咨询时间。这位来访者对此感到愤怒，认为我试图控制他，这是不公平的。他坚持认为，按照提前通知的规则调整时间是合理的，对此我不应提出异议。我能感觉到他极力向我解释加班的合理性和必要性，认为我的提议既苛刻又不合理，这让他非常愤怒。

我向他表达了我对每次会面的期待，并阐释了为什么希望能够确定一个稳定的时间。我表达了我的担忧：如果某次我无法调整时间来满足他的需要，可能对我们双方都造成损失。一方面我倾听理解并接受他的愤怒，另一方面我也真诚沟通。这样的互动过程平复了他的情绪，并重新开启对时间话题的讨论。

睡过头

当来访者睡过头时，我们不要简单地将其视为一种偶发性的意外，而要有耐心地去探讨。我接待过不少偶尔睡过头的来访者，我会与他们深入探讨睡觉本身，包括他们的睡眠质量、如何醒来，以及他们如何记起咨询的预约。若来访者睡过头却并未完全错过咨询，这似乎表明他们在无意识中有一部分动力需要错过咨询，但依然有一部分动力要来进行咨询。虽然许多专业文献探讨了来访者忘记咨询背后的无意识动机，例如咨询抗拒、对咨询师的潜在敌意等，我有时更愿意从他们记得咨询的无意识动机着手。

无论来访者在无意识层面上对变化有多大的焦虑和抵抗，对咨询师持有怎样的攻击性与恨，事实上他们最终出现了，这显示了他们与咨询关系保持了某种联系。从“你为何记得来咨询”入手再转而谈论“为什么会遗忘”，可以在稳固咨询关系的基础上，探讨来访者关于咨询的冲突和不满。这种方法可以帮助来访者认识到他们与咨询师的联系是稳固但也存在挑战的。通过这样的对话，可以鼓励来访者面对并讨论他们对咨询关系的失望、敌意和不满，以及对依恋的回避。

我的一位督导生曾与我分享了他与一位女性来访者讨论迟到的情况。这位来访者已经进行了十几次的咨询。在评估中，我们了解到她有广泛性的焦虑，经常担忧可能发生恐怖的事情，她依赖药物来维持情绪稳定，并且难以与男性建立持久稳定的关系。尽管她从来不缺乏约会对象，也时常与不同的男性约会，但她渴望稳定的关系，她害怕被抛弃。当她觉得情绪相对稳定时，她便擅自停药。然而，在随后的几周，她不断向咨询师报告自己开始出现睡眠问题。她向来准时参加咨询，但有一次，她却意外地迟到了。

迟到之后，她向咨询师描述了她的焦虑："我非常着急，我很害怕我来不及了。在路上的时候，我都急得哭出来了，我怕赶不上了，因为来这里对我来说非常重要，我不想因为喝多了起不来而失去这个机会，我刚才是直接从丹尼家里过来的，我跟他说我要去见我的心理医生。每周来这里，对我来说很重要，如果来不了或者会迟到，我会非常不舒服，包括现在这样，我从他家里急急忙忙出来，都没有合适的衣服。昨天派对后我就去了他家，本来是穿着昨天晚上参加派对的衣服的，我不能穿着这个衣服出来，会比较暴露，那是对你的不尊重。所以我后来让丹尼给了我他的衣服。我觉得更多是担心会让你失望，就是我这样做可能会让你觉得不被尊重，我不想给别人带来这样的感觉。"

对这个片段里的迟到，有两个思考的角度。

首先，从症状角度看，来访者擅自停药的决定可能对她的情绪稳定性和行为自控力产生了影响。迟到可能是她自我控制减弱的一个迹象，尤其是如果这种行为之前并不常见的话。在某些情况下，患者可能会低估药物的影响并过于自信地认为自己能够不借助药物维持稳定，这可能会导致不利的后果。因此，这个迟到的事件可以是一个切入点，去探讨她停药的决定以及它可能带来的连锁反应。过去，她总是穿着整洁出现于咨询中，而今天她的凌乱外表似乎暗示了她的生活再次陷入混乱，这表明她可能很需要帮助。咨询师需要在此对来访者进行服药的心理教育。

其次，从关系的维度分析，来访者极度关心咨询师对她的看法，以至于她会在意自己的着装，担心派对的装扮不会受到咨询师的欣赏。尽管她多次与咨询师讨论过参加派对的事，但她对自我认同与接纳仍然感到焦虑。这次迟到成了探讨移情——来访者将个人感情投射到咨询师上——的契机。讨论迟到不应仅限于事发当时，而需要在未来的咨询中持续对迟到的动因和意义进行深思，并寻找合适的时机与来访者探讨。咨询师也不应认为迟到的议题已经结束，而应继续观察迟到所呈现的移情问题是否已经得到了充分的讨论。

交通堵塞

我在北京和深圳这样的大城市里生活了许多年，交通堵塞带来的急躁感我深有体会。所以，每当来访者因为交通延误而迟到，我多数时候都能够理解，接纳这个现实理由。有这么一位来访者，几个月来，每次咨询几乎总是要迟到 5 ～ 10 分钟，理由不变，总是交通问题。

我：我能够理解公共交通的不可预测性，但我也觉得奇怪，你似乎每次都能把迟到控制在 5 分钟左右。

他：如果公交等待时间过长，我宁愿选择打车加快速度。

我：看来，对你来说，迟到 5 分钟似乎还在可接受的范围内。

他：是的。

我：那你为何不能提前 5 分钟到达？

他：（沉默了一会儿后说）我不喜欢等待别人。等待让我很不满。

随后，我们深入探讨了他对等待他人的焦虑，以及这种感受如何与他内心的空虚、孤独以及对人际关系（包括与我之间的关系）的种种幻想相联系。自从我们开始讨论迟到问题后，他就很少再出现频繁迟到的情况，即使偶尔迟到，他也会表现出对自己迟到的好奇心，并主动与我探讨其背后的原因。

⌘ 当来访者开始好奇咨询师的时候

我们先来看一段咨询过程记录。

这位来访者与咨询师的合作已经持续数年。在这段时间里，咨询师一直采用认知取向的方法，并已经取得了显著的成果。尽管如此，咨询师感到在他们的合作中，仍然存在着一些未被完全理解或关注到的潜在动力。因此，他开始与我进行动力学取向的督导学习工作。

来访者（女）：你看起来有些疲惫呢？
咨询师（男）：确实，最近挺忙的。
来访者：你是在高校工作的吧。
咨询师：我一边负责教学和研究，一边也提供校园内外的心理咨询服务。
来访者：听你这么一说，我想起了我男朋友的一个朋友，他在当地最顶尖的学院教授心理学，那里的学生心理问题很普遍。上次我和他聊天时，他提到学院里有个学生出现了自伤和自杀倾向，但尽管他和学生的父母沟通，那个学生的父母却拒绝承认孩子有问题。这让我很不解，为什么父母不愿意寻求医疗帮助呢。

咨询师：你似乎很震惊，不能理解为什么在问题如此严重的情况下，他们不去接受专业治疗。

来访者：是的，而且他们学校只有两个心理老师，其中一个还休产假了。他面对的问题都十分棘手，作为一个刚毕业的本科生，他怎么可能独自应对。我见过许多心理老师，他们往往只是告诉学生要依靠自己。实际上，对学生而言，这本应是他们最后的救援，如果没有得到恰当的引导，他们的未来就可能走偏。他刚大学毕业就开始工作，也没有接受过各种培训。但我不是这方面的专家，所以也不好多说。而且，他也是个普通人，我理解每个人都有局限。

（在随后的几十分钟，来访者讲述了自己曾经暗恋过的一个男性朋友，然而在最近的几次见面相处中，她感觉不能被这位朋友所在的群体所理解和接受，自己一些内在的焦虑无法得到共情，对方往往以一种现实的讲道理的方式和她沟通，这反而让她感受到被批评和指责。）

在与这位咨询师的交流中，我注意到他未能察觉到来访者的移情动力。他仅感觉到来访者的敏感，因为自己当天确实疲惫，他便将对话开头视作常规的寒暄。然而，从动力学视角分析，我们可以发现来访者对咨询师的好奇心，并且在随后的咨询中，来访者谈及的诸多人物——她的心理老师、曾经暗恋的男性朋友——实际上都是在描述她眼中的不胜任照顾者，以及他们在能力和情感共鸣上的不足。这些所谓的“他人”可能实际上是在无意间指向咨询师本人。来访者在探讨这些他人时，实际上在反映她对咨询师的怀疑：作为一位男性照顾者，他是否能与她情感同调，是否能真正理解她的感受。

我认为在这一节咨询里讨论移情可能是一个合适的时机。这位来访者多次在咨询开始时就注意咨询师的动向，并主动询问咨询师的状态。尽管来访者在之前的反馈中多次表达对咨询师的积极评价，强调从咨询中获得的支持与帮助，但在这一节中，来访者表露出对咨询师的疑虑、质疑，甚至不满和失望——这些情绪可能代表了负面的移情。意识到这些负面移情的存在，我们就可以寻找机会进行探讨，尝试开阔对话的空间，探究来访者是否能够在一个安全、开放的环境中坦率地表达对咨询师的爱与恨。

来访者对咨询师的移情不是一开始就显而易见的。即便咨询师在咨询初始询问了“你说我看起来有些憔悴，这让你有什么感受”，来访者也不一定能直接作答。来访者对于咨询师问题的即时性的回应并不是最重要的，许多时候来访者也未必能够回答出什么，但最关键的是关注来访者接下来的自由联想——她提到的心理老师、暗恋的朋友，以及她描述的不够称职的照顾者。这些内容可能透露了来访者对“不理想客体”的失望和怨恨。

我再给一个片段，从而阐释上一段的关键点。

来访者（女）：你看起来有些疲惫呢？

咨询师（男）：确实，最近挺忙的。

来访者：你是在高校工作的吧。

咨询师：我一边负责教学和研究，一边也提供校园内外的心理咨询服务。

来访者：我父母最近也新冠阳性了，我妈症状比较轻，但是我爸症状比较重。他一直以来都有高血压和糖尿病，抵抗力也不是很好。昨天我妈给我打电话，听得出来她在咳嗽，她说准备等过段时间去医院照个 CT。我是有点儿担心，打算过年回去看看他们。

虽然咨询师与来访者的对话以与上一段相同的方式展开，但来访者后续的自由联想却带我们走向了不同的移情动力解释。在此片段中，来访者表达了对照顾者的担心，这种担忧根源于对照顾者脆弱性的焦虑。她害怕失去那些对她而言重要的“好客体”——无论是父母还是咨询师。因此，这里的移情是一种积极的、正面的移情，其中包含了依赖和紧张的情感。

⌘ 当休假来临的时候

“休假这个事情怎么讨论呢？就算谈了，咨询师不也要休假的吗，这里到底在讨论什么？”这样的迷惑我不止一次从来访者和学生那里听到。问题的精妙之处在于，精神分析并不仅仅关注现实问题本身，而且关注由那些不可改变的现实情境所激发的情感反应，以及探讨人们是否意识到自己在面对这些挑战时可能会有的有意或无意的反应。透过这些特殊时刻引发的情感和行为，我们得以洞察那些微妙的内心世界。

当我们和来访者谈论休假这件事情的时候，我们向来访者传递了一种重要的信息：休假是一场分离，对于这场分离，我无比重视，我会回来。这里有三个重点：第一，休假是一场分离；第二，咨询师是在乎与重视它的（亦是重视来访者所受的影响）；第三，咨询师是会回来的。

“休假是一场分离”这一观念并非人人都能立即领会其深意。有人可能会说：“这算哪门子分离？咨询师不是很快就回来了吗？”确实，在现实层面上，休假看似简单：咨询师离开一两周，之后又重返工作岗位，咨询继续进行。但在心理层面，这又如何呢？对那些承受着早期依恋关系创伤的来访者来说，咨询师的休假可能触发一场心理危机。这段临时的离开可能会唤醒他们童年时期父母或其他重要人物离开时的情绪记忆——这些可能属于儿时、幼年，甚至婴儿期的深刻记忆。这些记忆往往是痛苦的，以至于人类心理防御机制会介入，将这些痛苦从意识层面隔离。然而，一旦来访者开始心理咨询，这些与依恋创伤相关的记忆往往会在与咨询师的关系中重新浮现。

精神分析理论提醒我们，早期分离经历会深刻影响来访者的依恋模式和自我发展。通过与来访者的对话，我们能够洞察这些早期分离经历对他们当前的亲密关系和个人成长的具体影响。然而，无论我们掌握多少理论知识和背景资料，都无法精确预测来访者在咨询室内与咨询师建立的移情关系将如何发展。同样，我们也不能完全预知当来访者得知咨询师即将休假时，他们会展现出什么样的分离反应。咨询师无法预设，也不应该预设。咨询师应该认真地、耐心地、诚实地关注来访者对这场分离的反应。

有依恋创伤的来访者

有些来访者在咨询师计划休假时会表现出强烈的情感隔离甚至麻木。这让他们联想到小时候父母为了工作而离家，留下他们在祖父母家的日子。父母离开所带来的那股无力感和无助感是他们极力想要避免回忆的。因此，他们选择消除情感、自我隔离和麻木，这是一种强有力的自我保护，就像人在身体极度痛苦时可能会晕过去，大脑会自动屏蔽所有感觉。在处理有早期分离创伤的来访者时，我们必须小心地处理他们的创伤体验。

当然，这并不意味着咨询师不能休假，也不意味着要缩短必要的休息时间，更不是说要随意打破咨询的框架来减轻来访者的分离焦虑。我们没有统一的原则或策略来处理所有这些情况，但若要定一个原则，那就是要紧密关注咨询关系，并勇敢真诚地面对来访者的各种情绪。大多数分离创伤源于不告而别，是因为太难面对而不去面对。我听说有些父母会选择在孩子不注意时悄悄离开，认为这样孩子就不会大哭。然而，哭闹并不会造成创伤，真正造成创伤的是悄无声息地离开。

很多父母无法忍受孩子的哭闹，将其看作一种操控，但实际上，孩子在分离时的哭闹是一种真挚的情感表达。对孩子来说，父母是他们的安全港，只有父母在身边时，他们才会感到安全。与父母分离时的焦虑和不安是孩子情绪波动的时刻，这些情绪不可能很快平复，哭闹是自然的。允许孩子在分离时哭闹，是让他们有机会合理表达与父母分离时的强烈情感。悄无声息地离开是一种忽视和忽略分离的策略，它会让孩子感到更加无助、恐慌和孤独。孩子的孤独不仅来自不能与父母一起，更在于他们必须独自承受所有的情绪重负。人的心智过程会自动地处理所有经历，解释为何会发生这些事，为何要承受这些苦难。如果父母不能以一种合理和现实的方式向孩子解释分离，孩子可能会沉迷于无边的幻想之中，包括会认为父母是不爱他们的，父母是抛弃了他们的。

在咨询中，我们无法避免分离，但我们希望能以一种不同于来访者父母的方式来面对它。我们需要承认这很难，并且需要勇气去面对。我们会与来访者一同面对他们可能出现的剧烈情绪，以及可能出现的奇怪甚至偏执的幻想。我们会告诉来访者，我们知道分离是艰难的，但我们会回来。

如果咨询师发现来访者在分离前显得异常乖巧和平静，并且已知他们有分离创伤，这是需要关注的。来访者在休假前可能并不会表现出任何情绪，但所有的情绪可能会在咨询师返回后爆发。

有自体缺陷的来访者

面临休假分离，一些来访者会感受到极端的惊恐和情绪崩溃。休假临近时，他们常觉得症状加剧，生活失去支撑，仿佛一切正滑向混沌的深渊。温尼科特和科胡特均指出，咨询师如同稳固的容器，维系着来访者的自体稳定。有着自体缺陷的来访者，由于结构性的损伤，他们的自体极其脆弱，他们会因为失去了自体客体容纳、镜映以及理想化的功能而濒临自体崩解的边缘。这些来访者通常清楚自己对咨询师的依赖，并能在咨询中感受到安全与放心。然而，他们不一定能预见到休假导致的分离焦虑，或认识到这种焦虑可能引发的恐慌和幻想。

因此，咨询师应在讨论休假时，提醒来访者留意潜在的分离焦虑，如：“假如在我休假这段时间里你感觉不太好，你打算怎么办呢？我们是不是需要讨论看看？”对于这类来访者，我们不但需要回应他们的分离焦虑，也需要正面回应他们的“怎么办”。有惊恐发作或疑病症状的来访者往往反映出自体功能的缺失。他们会给人留下一种没事找事、无病呻吟的感觉，但在他们的内在感受中，他们确实感到内在巨大的威胁和不安，觉得自己非常虚弱和脆弱，这些感受来自他们自体的缺陷。咨询师的存在就是在帮助来访者弥补这种功能缺失。自体结构尚佳的来访者，受损的功能可能还有机会得到发展，发展出健康的自体功能。但是自体结构过于受损的来访者，他们可能无法再恢复正常的功能，他们确实需要长期依赖外部环境所提供的自体客体功能来维持其自身的自体稳定性。

对于有自体缺陷的来访者，我们应帮助他们在咨询师休假期间找到"plan B"，即另一种维系自体稳定的方式。对此，我通常会允许他们在必要时与我联系，我会说："这段时间我会休假，这段时间我都不安排常规的工作，但不意味着我消失了。如果你确实觉得你遇到了很大的麻烦，请与我联系，哪怕我们没有条件见面，我至少也可以有办法和你联系上，有时候即便是短暂通话也可以对你有帮助。"多年实践中，极少有来访者在我休假时求助。反而，他们在我回来后，通常会带着自豪分享自己如何独立渡过难关，逐渐认识到自己并非想象中那样脆弱。

理智化的来访者

某些来访者可能没有严重依恋创伤或严重自体缺陷，他们倾向于将理智化和情感疏离作为防御机制。这样的个体可能需要相当长的时间才能意识到自己对咨询师休假的深层感受。在认识到这一点之前，他们常常把休假看作咨询过程中的一环，平淡地表述道："嗯，咨询师休假就像电视节目间的广告，不可避免，现实就是这样。"或者说："我觉得这很好，咨询师也应该休息。"甚至是："你休假正好，我也能放松一下，还能省下一次咨询费。"这些反应暴露出他们并未停下来去观察自己的情感体验，他们仿佛在谈论某个避无可避的现实、咨询师的个人需求，或是经济的节省，而对于无法见面的情感反应却只字未提。在这种情况下，我通常会稍做停顿，再次询问他们的感受。大多数此类来访者在初期很难察觉到休假造成咨询中断带来的细微情感变化，但随着他们被反复邀请去体会并停留在某一情感时刻，逐渐地，他们开始注意到自己的感觉，并能够进行表达。

不要预设来访者对休假的反应，因为休假未必会引发分离焦虑。然而，它可能会激发来访者对咨询师的好奇和幻想。精神分析不仅仅是对来访者病理性部分的好奇，还有对整个人的好奇，包括来访者对咨询师的好奇和幻想。有些来访者可能会说："不做咨询就松了一口气，好像不用见面就可以休息了。"这样的表达背后可能隐藏着一些含义。来访者是否感到咨询给他带来了压力？还是咨询师让他感到紧张？这个回应看起来简单，但其中蕴含着深层次的意义。有些来访者可能会说："这段时间不做咨询，我可以考验一下是否可以自己一个人度过。"这也是一个有趣的回应，似乎表达了一种独立的愿望，但同时也可能意味着来访者对依赖有些恐惧。

案例分析：长程咨询中的移情工作历程

⌘ 第一年

尼克第一次来见我的时候，是一个夏天。他穿着运动短袖和短裤，拘谨地坐在咨询室里。那一年，他 27 岁，说话带着笑容，语速有些快，语调有些高。第一次见面后，他告诉我他要去上海出差，暂时不能再安排见面。等到第二次见面时，已经过去了大半年。在尼克刚开始工作的前两年，我们一直处于分散的状态，他会和我工作两三个月，然后离开一段时间。但是随着时间的推移，我们见面的时间越来越长，分开的时间越来越短。直到我们工作的第三年后，我们基本上稳定下来，一直保持着见面。

对于这种聚散离合，他会用工作出差、工资收入等各种现实层面的原因进行解释。也许这些确实是原因，因为随着我们工作的进展，他的工作更加稳定，收入也逐渐增加，他不再出于这些现实原因而需要离开我。但我也认为，这些聚散离合就像是一场又一场的考验，考验着我是否会厌恶他，是否会拒绝、抛弃他，是否一如既往地等待他。我知道，在他的世界里有很多不可信任的事情，很多时候需要小心翼翼处理事情，这样才能保护自己不受伤害。

我感受到他的改变来自我们关系的改变。在一开始的咨询中，我感觉我们之间的距离非常遥远。他似乎向我讲述了很多关于他的事情，但我很难记住它们，就好像这些东西不是真实的一样，像镜中的倒影一样虚幻。我能听到他的许多痛苦，但好像很难靠近并感知到这些痛苦的存在。

直到有一次，他突然向我坦白。

尼克：你知道吗，其实我骗了你。

我：（很疑惑）你骗了我什么？

尼克：很多事情我都骗了你。比如第一次见面以后我说我去上海出差不能够见面了。事实上，我只是出差几天就回来了，我只是不想来见你而已。

（我点点头表示我听到了。）

尼克：我还时常骗你我迟到的原因，我说是因为交通，但是其实是我很晚才出门。我告诉你我家很穷，其实可能我并没有告诉你那有多穷，我觉得那太糟糕了，难以启齿。

（当他说到这里时，我感到了一丝心疼。看到他如此悔恨的样子，我心中很想告诉他，对于这些欺骗我并不怪罪他，这些欺骗并没有伤害到我什么。）

我：我理解，每个人都有想要隐藏的秘密。我知道，你告诉我这些，是因为你想让我有机会去理解真实的你，走进你的世界。而之前你欺骗我，也是因为你害怕我会被那些表面上的东西给吸引，而失去对你的兴趣，甚至我会被那些东西给吓退，不再想要靠近你。

在那次咨询中，他告诉我了一些我未曾听他讲起的秘密。

⌘ 第四年

从第三年开始，我们没有出于他的原因而中断过见面，但在此期间发生了一些变动。在我们工作的第四年，出于我的家庭原因，我需要去美国生活。当时无法预测我会在美国停留多长时间，但他愿意通过视频方式与我继续工作。于是，我们从面对面的咨询转变为视频咨询。我们又这样视频工作着，这期间我们少有再谈论我到美国的事情，直到有一天我们因为一个话题再次谈到了我们的关系。

尼克：你为什么现在建议我去看精神科医生，让我考虑吃抗抑郁药的问题？我是最近才抑郁的吗？

我：不，就像我们一直所说的，你一直都感受到某种抑郁围绕着你。你感受到许多的空虚与无意义感。

尼克：那为什么你以前不建议我去看医生，现在才让我去？

我：你怎么想？

尼克：（瘫坐在沙发上，苦笑地说）或许你觉得我快没救了吧。

我：你好像觉得我把你扔给了精神科医生，把照顾你情绪的责任扔给了抗抑郁药。好像我抛弃了你。

尼克：难道不是吗，反正我已经习惯了，这已经不是第一次了。

（当他说起这句话的时候，满脸的不在乎，可是我却感受到浓浓的悲伤。）

我：不是第一次了，你指的是什么？

尼克：（沉默了许久，苦笑着对着屏幕说）我一直觉得你并没有去美国。你依然还住在深圳南山区的小区里，只是你躲着不见我。

说完他开始偷偷地抹眼泪，我感受到巨大的悲伤蔓延开来。

在他的内心深处，他真的难以接受分离的事实。他曾多次向我表达过分离带来的痛苦，他认为如果一个人真心爱着另一个人并在乎着对方，就不会希望对方去经历这种痛苦。在他看来，如果你宁愿承受痛苦也选择分开，那就意味着你对这个人的爱不够。他将这样的标准应用于衡量我们的关系。来访者和我们自身，有时候在某些低谷、抑郁和绝望时刻，都会陷入这种非黑即白、分裂的偏执状态。这种心态会将自己推向世界的边缘，将关系推向无力的边缘。

尽管他责备我、指责我甚至误解我，但我知道对他来说，这是一种极其珍贵的体验。他的情感终于有机会复苏，得以流动，就像春日新芽一般缓慢苏醒。

承认自己内心的感情是一项极其艰难的任务。在这个充满不确定性和无法控制的世界中，我们都可能经历无助和无力的时刻。人们拥有强大的自主性，然而这种自主性也会让人感到极度无力，因为我们会发现，仍然有很多事情我们无法左右。然而，有一件事情是我们可以决定的，那就是我们自己的感情。我可以选择对谁抱有感情，对谁撤回感情，接受谁的感情，拒绝谁的感情。这是我们最强大的自主权，也是绝对不会被外界剥夺的东西。

因此，那些对这个世界感到失望的人，对这个世界中的人感到失望的人，都会小心翼翼地管理自己的情感。他们要紧紧抓住自己最后一样可以掌控的东西，不再轻易给予他人。承认自己内心的感情是非常困难的，因为那意味着我们要承认自己将某种东西交给了对方。一旦我们将感情付出，我们就失去了对它的掌控。我们无法预知对方会如何对待我们的感情。一旦失去了控制，内心的恐慌就会蔓延开来，恐慌会变成各种幻想，折磨着我们。我们害怕对方讨厌、拒绝我们的感情，害怕对方贬低、践踏我们的感情，害怕对方忽视、抛弃我们的感情。这一切都太可怕了。承认自己内心的感情就意味着再次将自己的情感交给别人评判，这种无法掌控的状态太危险了。

⌘ 第五年

又过了一个新年，他今天出现得很准时，但是看起来很疲惫也很虚弱。

尼克：我开始上班了，但是今天午睡的时候可能着凉了，之后就一直很头痛。

（我没有讲话，有些担忧地看着他，我知道他新冠刚转阴，而他最近工作压力很大，他或许是比较脆弱的状况。他不舒服地揉着头，我们就这样沉默了 5 分钟。）

尼克：元旦那天我和朋友出去吃饭，刚好我们在南山区吃饭。我当时就决定去你工作室所在的小区看看。我真的进去了（他笑着说），我发现里面已经没有人了。

（他说到这里，我感到一阵强烈的难过。我发现我无法言表这种难过，但是我感受到一种像海浪一样的情绪，一波一波地袭来。接着又是 5 分钟的沉默。）

尼克：我在那儿停留了一会儿，然后就走了。其实我也不知道我为什么要到那里去。

我：你去确认我是不是真的离开了。

尼克：（无所谓地说）可能吧。唉，我也真的是傻，为什么我总觉得你并没有去美国呢。

在咨询过程中，咨询师的存在感不仅仅表现在语言上，更体现在情感上。有时候在一节咨询中，咨询师可能说的话并不多，但内心却一直在波涛汹涌，没有平息过。在与尼克的工作中，我注意到我的情感体验正在发生变化。在我们最初见面时，我经历了许多无聊和空洞的情感体验，尽管我努力想专注，但我很容易分心，好像他说了很多东西却没有吸引住我。我的情感好像无法停留在当下，总是会溜走和离开。在咨询中几乎没有沉默和停顿，他的话可以填满整个咨询时间，但是我却感到了一种不一致的空虚和虚无。然而，渐渐地，我开始感受到咨询中有了一些变化，多了一些停顿和沉默，同时也多了一些情感。尼克开始让我感受到他的愤怒和无助。他告诉我他有多么生气自己会因为心态不好而输给那些球技不如自己的对手，他在网球场输球时摔烂了好几个球拍，他尝试告诉自己如何尽力平静心态，但难以控制地陷入暴怒之中。我开始感到真实和真切，仿佛可以看见他在网球场上的样子，开始有了画面感，有了生动的情节。沉默的出现一开始伴随着巨大的不舒适和别扭感，他会感到慌张和不安，他会陷入一种被攻击和被评价的焦虑中，他认为在沉默时我对他有意见，是我在无声地惩罚他。我们经历了许多次关于沉默的讨论，我没有辩解，因为即使我告诉他我对他没有评判，没有不高兴，他也不相信。他自己也承认，他说："就算你告诉我，你对我并没有什么评判，你并没有生气，我也不相信。"我发现，当他能够充分表达对我的不信任，充分表达他对我存在的怀疑，充分吐露内心的不安和防备时，他开始变得真实和自然。渐渐地，沉默不再是一件令人害怕的事情，它成了我们容纳情绪和思考的空间，他开始在沉默中感受到一种专注的平静，能够与自己相处的平静。与此同时，我也感觉到我与这个人建立了更为真实的联结，虽然语言变少了，但情感更强烈，联结更深刻。

有一次咨询他迟到了 15 分钟，他很少会迟到那么久，我看得出来他很生气。

尼克：我非常生气，那个出租车司机居然把路开错了，我提早了半个小时出发，结果他开错了路，更糟糕的是，后来遇上了车祸。（他看我惊讶的表情，连忙补充了一句）是我前面的车撞上了，我的车没事，可是这就导致我被堵在了那里，结果就晚了。（叹气）我不是给你说过之前那个拍摄的工作吗，我把所有的流程都写得很清楚，但是那个参加录像的嘉宾还是搞错了，他还问我为什么多了一个环节，我之前专门在邮件里把所有流程都写得清清楚楚，他们为什么就不认真看呢？后来我想找司机，结果我给司机打了无数个电话，都找不到他。后来我发现这个司机居然在和别人聊天，手机在旁边一直响，他只顾着聊天，没有接电话。过几天还有一个部门年会，每次都要大家准备交换的礼物，我最不喜欢这个环节了。前几年，我每次都很认真地精心挑选礼物，但是我拿到的礼物都是什么烂玩意儿，一看就知道是一些抽奖活动拿到的东西，是他们不要的东西，抽奖得的充电宝什么的。我一点儿都不想参加这样的年会。

我：（沉默了一会儿）我明白你该有多生气，好像所有的人都没有认真对待你。你如此认真和负责，但是你却没有得到对等的对待。你很重视别人的诉求，但是你感觉自己没有得到同样的重视和在乎。

尼克：我今年春节不想回家了，回家没意思。（他沉默了，突然他大哭起来，一边抹眼泪一边说）我回不回家没人在乎。每一次回家，家里也不会准备什么，甚至我可能连口热饭都没有。去年回去，我爸就炒了一个小菜，我回去干吗呢？我还记得我六岁生日那一年，我中午回到家的时候，一个人都没有，厨房里就只有一个白萝卜。我真的不明白，我那么乖，我五岁就开始做家务，别的男孩子只知道打架和偷东西，而我做了那么多，可是我得到了什么？

我：你没有感受到被足够珍惜，你那么乖、那么好，却没有得到足够的重视和好的对待。

尼克：（抬头看着我）你不也是吗？

我：（点头）我明白，你觉得我离开中国也是抛弃了你，我也没有足够珍惜你。

他的眼泪承载了许多情感，其中包括被忽视的愤怒、被忽略的悲伤，以及在愤怒和悲伤之间的孤独和无助。我从他的眼泪中感受到了一些变化。此刻的眼泪停留了下来，换句话说，此刻这些情绪有了停留的机会，它们可以被观察、被感受，不仅是被我看到，也是被来访者所看到。我还记得当我提到要离开中国时，他也曾掉过眼泪，但我只记得那一滴眼泪，而我们俩都不知道那滴眼泪中蕴含着哪些情绪。他提到，他不知道为什么自己会掉眼泪，那滴眼泪瞬间被抹去，那些情绪也在瞬间被抹去了。

成长究竟是什么呢？我们常常习惯将成长定义为大脑发育或认知发育的结果。然而，成长更是一种心理发育或情感发育的结果。一个人能够承受情绪（而非压抑情绪），能够体验情绪（而非分析情绪），能够表达情绪（而非回避情绪），对于我们的来访者来说，这是一种巨大的成长。对于尼克来说，能够感受和体会情绪是一项非常具有挑战性的任务。当他与他人相处时，情绪会突然涌上心头，给他带来极具破坏性的体验；而当他独处时，情绪又会像一个无底的黑洞，带来无尽的荒芜和空虚，仿佛会吞噬和淹没他。在许多时候，我与他一起尝试描述他的情绪和感受，在描述的过程中，我与他共同体验并感受这些情绪，直到他开始勇敢地感到安全，能够靠近那些曾经让他发疯和崩溃的情绪，并且学会与它们相处的方法。

⌘ 第六年

上一周，尼克提前一天告诉我他没有时间来做咨询，需要取消周五的见面。他并没有告诉我具体的原因，但是尼克很少在咨询中请假，这让我有些在意。

在之后一周的咨询一开始我就询问了这件事情。

我：我们上周五没能够见面。

尼克：是的，上周五我加班，赶回家也来不及了。我们加班的同事都在抱怨，觉得都这个年纪了，在这个公司没有升职、没有加薪，大家都很有意见。

（我此时才留意到他眼睛好像有点儿红。）

我：我才看到你的眼睛，你还好吗？

尼克：（抹了下眼眶）我刚才在看一部日剧，叫《母亲》，剧情讲了一个学校老师救助了一个被虐待的小孩，并带她离开了。我以前看过，但是我还是会很感动。我就不知道为什么，我对这样的故事就会很感动。

（停顿了一下，随后他露出一个不屑的表情。）

尼克：就在我们开始前十多分钟，我妈给我打了个视频电话。她说有人想给我介绍对象，觉得我都快要35岁了，不能再这样单身下去。我什么都没讲，她说完就把视频挂了。视频结束后我非常生气，我和她已经有一个多月没有通过电话了，我想和她联系，但不是听她说这些。我当时心里想“你那么希望我结婚，那就等我结了婚你再联系我吧”。

我：你非常失望，因为在她的眼中没有你，甚至她没有过问当下你的状况，好像在她眼中只有她在乎的那个事情，却没有你。你始终未能被你的妈妈看见。

尼克：（开始流泪）为什么会这样，我到底做错了什么？

我：你在电视剧的视频里体会到了一些爱的情感，可是在和妈妈的视频对话里却什么都感受不到了。

尼克：我现在只有恨了。我记得前几年和你咨询的时候，我还时常会想起我妈妈的好，那时候我没有恨的感觉，我有很多美好的回忆。可是现在我越来越少地记得这些美好的东西，我记得的只有那些屈辱、暴力、谩骂、诋毁、挖苦。我应该是压抑了太多太多对她的恨。

我：我能感受到一种巨大的悲伤。

尼克：是的，我很难过，很悲伤。

（这份情绪持续了一分多钟，他的情绪就退散了，他这次意识到了自己情绪的变化。）

尼克：我发现我好像有一种能力，迅速回到正常状态。

我：你是指你可以突然地把自己的情绪收起来。

尼克：（笑着说）对啊。（他听到了一点儿动静，看了下门的方向）哦，没事，应该是隔壁的人在敲门。这里的隔音不太好。

我：你觉得自己无法彻底地流露情绪，或许是因为感到这里不够安全，你会听到屋外的动静，也会担心自己被窃听，这个环境还是会让你感觉有种随时会被入侵的不安感。这里还是不如以前在咨询室的空间感到的那样安全。

尼克：（继续看着门的方向）我这周买了一个衣架，我想放在门口挂衣服。这个衣架是和我的桌子椅子一套的，但是它不合适。它看起来太大了，它需要一个更大的房间，它让我的房间显得很小，它很贵，占位子，又没什么用，还不如我把衣服堆在地上。唉，我当时不应该签收，我应该退掉，现在退掉又太麻烦了。这个衣架唯一的好处就是可移动，我可以把它推到阳台上去晒衣服。

我：你有时候也会觉得我像你的衣架，与你的世界格格不入，不仅贵，占用了你的时间，而且最重要的是你也会觉得我没什么用。

尼克：对，但是又能怎么样呢？

（他似乎不打算多谈，他总是这样，在情绪的当口浅尝辄止。）

我：说多一些我的没用。

尼克：我不知道怎么谈。

我：我发现你表达对衣架的嫌弃、不满和失望的时候，是如此自然和生动。但我可以理解，对你而言，恨的压抑发生得如此自然，以至于你都不知道如何去感知，如何去表达。就像你一直难以意识到很难谈论对你妈妈的恨一样，也很难意识到对我的恨，很难谈论对我的恨。

尼克：我确实很难对一个人表达自己的不满。很多时候我会被自己巨大的情绪淹没，然后崩溃。或者我会选择回避和逃离，就像我在早期多次和你中断咨询，哪怕是现在我也时不时会有这种念头出现。

我：我们上周五没见面，与这个回避有关吗？

尼克：应该没有。我之所以等到最后一刻才和你取消咨询，是因为我觉得我应该能完成工作然后赶回家咨询。但也说不定，可能我想少一次咨询，就省一次的钱啦。

（他一方面试图回避自己内心强烈渴望与我见面的愿望，但同时也向我透露了他目前生活中的一种困境，即与工作和赚钱相关的问题。）

我：你是在告诉着我你当下工作的一个困境。你之前无数次地提到过你对工作和公司的不满。其实你感觉你自己在工作中也很像你买的衣架。你的公司太小了，却没有你的空间，没有让你觉得自己发挥了足够的价值，没有被足够重视，但是你不知道自己可以如何退场（退货），你被困在了这里。

有时候在咨询过程中，会出现许多零散的信息，而我的工作就是将这些信息整理并尝试将其整合起来。如果这些信息只是零散地被回应，那么来访者的内在世界也将会变得零散、不连贯。这些零散而碎片化的内容不仅包括来访者内在世界的信息，还透露着咨访关系的相关线索。只有当所有的内容以一种整合而合理的方式被串联起来的时候，来访者内在世界的情感才得以被完整地看见，被准确地回应。在这个片段中，来访者提到了取消咨询、工作加班、门外的声音、母亲和衣架等看似零散且没有联系的客观信息和自由联想，但实际上每一个细节都和他与咨询师的关系有关。正如赫伯特·罗森费尔德（Herbert Rosenfeld）在他的《僵局与诠释》一书中所提到的，当分析师试图理解困难的病人时，需要仔细地理解病人所说的每一句话："当分析师得以理解正在发生的细节时，就可以尝试将病人不同部分的人格有意义地组合在一起。这些部分常以分裂的方式存在，使病人无法理解并思考自己。整合式的诠释可帮助病人重获心智功能，并强化其自我。”

⌘ 第八年

从第七年起，我们终于有机会讨论他对我的怨恨。一开始，这种讨论只停留在言语和理性层面，并没有真正触及感情层面。但慢慢地，发生了一些变化，这个变化并不是尼克在和我的对话里说了什么内容，而是他在咨询中呈现和流露的东西以及我在咨询场域中体验到的情感。他开始在咨询中展现出他的怨恨和攻击性。

在最近的一个月里，尼克开始在咨询中出现迟到的情况，他经常会迟到 5 分钟左右。而且在我们的谈话过程中，他开始显得疲倦，有时候短暂地打盹几分钟，有时候甚至长达半个小时。在他疲倦的状态下，我们的对话变得停滞不前，我会保持沉默，而他则会趴在桌子上，偶尔抬头看我一眼，然后继续趴着。我尝试询问他在沉默中的想法和感受，但他总是回答说：“没什么”“没有什么特别的想法”“没有什么特别的感受”。在这种情况下，前几周我并没有明显的情绪体验，直到第四周开始，我开始感到烦躁和愤怒。我感觉自己就像是在沉默中受折磨，但同时我也无法做出任何改变。无论我谈论什么，他总是说他很困，有时还会拿起手机回复一些工作消息。他对与我交谈似乎毫无兴趣。

本周周一的见面，不意外地，他依然让我在咨询里感到非常难熬。

他再次迟到了 10 分钟，并且随后开始大谈特谈神经科学的意义，他认为他自己的问题主要与神经有关，还提到了中医的作用。这让我感到愤怒，我心里想着："如果你认为神经科学有用，那你应该去看医生而不是来做心理咨询。"我意识到我的情绪提示着我，来访者正在对我进行攻击，攻击咨询关系。

我：当你在谈神经科学有用的时候，或许你在说心理学没用，心理咨询没用。

尼克：我没这个意思。

（随后他看了一眼他的手机，开始回复消息。2 分钟以后放下手机，看了我一眼。）

我：你在做什么。

尼克：我在回复消息。

我：你为什么需要现在回复消息？

尼克：因为别人找我。

我：为什么一定要现在？

尼克：因为现在回复很重要。

（我决定将我感受到的愤怒与他可能正在对咨询关系进行攻击联系起来。）

我：我认为你在咨询中回复消息的行为是对我的一种攻击。你觉得神经科学有用，中医有用，回复工作消息很重要，但是与我谈话是不重要的，而我也是没用的。

尼克：是，你说的对，我就觉得咨询没用。我最近就很想结束咨询。其实我一直都想结束咨询。

（他的这番话并没让我有任何特殊的感受，这个话题他说过很多次。）

我：你觉得结束咨询之后可以有更好的出路。

尼克：不是，就算结束咨询也没有出路，但是我就觉得继续咨询下去没用。

我：在你的体验中，好的东西都在远方，当下的都是不好的。越是靠近，越是坏和绝望。

他：（沉默了一会儿）我刚才在回复我领导的消息。他问我会议纪要用了什么软件。我一开始不想回答领导，所以我写了删删了写，我不想告诉他，可是我又不想撒谎。

我：你从来不对我撒谎，但是你只是不想让我了解你的另一面，你对我的厌恶和憎恨的那一面。

尼克：是。但那有什么用呢？

我：我只是想知道你对我的怨恨是怎样存在的，如何存在在我们的关系里的。你看似封印了你对我的恨，但是它一直都在，它存在在我们无法联结的那些时刻。

本周第二次周四的咨询，他又迟到了 3 分钟。我提到他又迟到了，他解释说自己看视频看过了时间。然后我沉默了一会儿，他也沉默。

我：你对于迟到有什么想法？

尼克：没什么想法。

（我再次感到强烈的愤怒，我知道可能攻击再次开始。）

我：你很少思考你的迟到在表达什么。

尼克：我不觉得我在表达什么。我没想那么多。

我：那你在想什么？

尼克：我什么都没想。

（那一刻，我感到更加强烈的愤怒，对这些愤怒的本质我并不理解，我只是感受到了一种强烈的对立情绪。我们对视了整整10秒钟，在那段时间里，我感觉到他也同样愤怒。然而，随后他转过头看向一旁，脸上露出了一副非常委屈的表情。接着，他沉默了一会儿。）

尼克：你是不是不相信我刚才说的话？

我：你觉得我当时在想什么？

尼克：我觉得你不相信我。

我：所以我认为你是在骗我？

尼克：不，你没觉得我骗你，你只是不相信我。

（我并不理解他的话，但是我想回到当时那个对视10秒的时刻。）

我：你在当时是什么感觉？

尼克：我不记得了，我可能觉得有点儿绝望。

我：（摇头）我觉得你当时的感觉不是绝望。

尼克：你说的对，绝望是后来才有的感觉，但是我不记得当时的感觉了。

我：你也许无法承认你当时身上的愤怒，你无法承认你在我们关系中所释放的攻击性。

（我在这一刻试图去解释他忘记感受是一种无意识的防御。）

尼克：（突然抬头，非常认真地说）是的，你说的对。我看什么人都不爽，我什么人都瞧不起。我打网球时那种气冲冲的感觉，就是我们咨询刚开始时的感觉。我觉得你很烦，你和我问好，我压根儿就不想理你。后来你又不说话了，我就很烦躁，你为什么不讲话呢，你为什么沉默呢，你为什么对我如此冷漠？

我：你没发现其实是你在冷落我吗？一开始我给你打招呼，是你并不想搭理我啊。

（我试图让他意识到他在如何攻击和我的关系。）

尼克：（突然就笑了）是啊，你说的对。我就是不满意，我好像怎么都不满意。就算你对我态度很好，很温柔、温和地和我打招呼，我也不高兴，也不满意。

（我点头。）

尼克：我觉得我对人挺好的。哦，不对，我是对陌生人特别友好。我觉得我对你也挺友善的，我对你也挺好的啊。（他的无意识再次防御他的攻击性）啊？难道我一直把你当作一个陌生人吗？（意识层面发生了松动，他看起来非常惊讶）那为什么呢，我的攻击性从哪里来呢？是因为我有一个疯狂的妈妈，还是因为我糟糕的童年？

我：我觉得你很难承认那就是你自己身上的攻击性，你多么希望自己是完全美好、纯洁、善良的存在。（他在无意识层面上否认自己具有攻击性，同时在意识层面上试图将这种攻击性归结为外部因素，否认自己内在存在攻击性的一面。）

尼克：也许你是对的。我迟到，我假装睡觉，都是对你的攻击性。我还希望你去死，我觉得你一无是处，一文不值。

我点头。

最后的时候我问他："你刚才所说的这些是你真实的感觉，你可以感受到你的迟到是一种攻击。但是在你刚开始，我和你讨论的时候，你完全意识不到这些？"

他说是的，在刚开始的时候他没有任何的感觉，他并没有骗我，他在意识层面确实感受不到什么。随后他确实强烈地感受到了恨和愤怒，但是他知道这些无意识的感受会很快消失，也许在咨询结束以后，这些感受会迅速消失掉。他很舍不得咨询结束，他希望在咨询中多待一会儿。

我说："我们还会见的。"（我说这句话意味着我会再见到他，并期待再见到无意识被压抑的他的真实情感。）

尼克含泪笑着说："我不相信。"

一个好的解释可能会引发来访者持续性的思考，思考跨越时空界限，让人穿梭于过去、现在和未来；一个好的解释也可能会引发来访者的情感波动，这种波动是意识层面之外的，未必可以用理性进行解释和解答的，但是这种波动就像海浪一样，一阵一阵袭来，又或者像是石子扔进湖中泛起的涟漪，一圈一圈地散开。

⌘ 小结

我发现，用文字呈现咨询工作的全貌是几乎不可能的事情。即便我可以还原我们所有的对话过程，也无法还原现场除开言语之外的那些东西。而正是这些非言语的要素，在动力学工作中起着至关重要的作用。

分析诠释在理论上是一种引导来访者触达无意识情感的有效手段，但在实际的临床实践中，精神分析的解释性工作却是犹如万里长征一样漫长而艰巨的征途。这场征途预示着无数的未知，我们无法预知何时会遭遇障碍，何时会被迫停滞，又或何时能突然瞥见希望之光。咨询师能做的就是与来访者同行，允许自己不断深入内心的感受，认真倾听当前的反移情所传达的深层含义，并努力将其以言语形式表达出来。这要求咨询师面对自身情感时真诚如一，不逃避、不恐惧、不评判。仅有在咨询师这样真诚地处理自己的情感体验时，来访者才能鼓起勇气探索自己的深层情感和无意识愿望。他们才能感到，无论何时，咨询师都与他们同在，共同承担着他们的痛苦。

咨询案例

从初始评估到干预

许多新手咨询师常常会问这样的问题："来访者的改变什么时候会发生？""我的这个技术什么时候才能见效？"当我们开始临床工作后，需要放下"让来访者改变"的期待。所有的心智改变都源自内在，取决于来访者的内在动力是否被激发，是否朝着健康、正确的方向发展。

一旦来访者踏上自我理解的心智旅程，这将是一个只有开端、没有终点的过程。因为人类对自我无限理解与探索的渴望是永无止境的。心理健康的人拥有无限的未来可能性，而有心理疾病的人，其未来常常是可以预期的，因为心理疾病往往意味着一个人会在特定的模式中反复生活，难以突破和走出新的道路。所谓的改变，其内涵是一个人找到新的可能性，不再重复过去的模式。因此，改变不仅仅是行为的改变，更是内在自我理解的变革。只有自我理解发生改变，才会有真正的改变浮现。

这些改变通常不是刻意的，来访者往往在很久之后才后知后觉地察觉到不同。甚至许多来访者是通过他人的反馈才意识到自己的变化的。咨询师永远无法预知改变何时会发生，而我们的工作是不断滋养那些破碎的、残缺的、匮乏的、干涸的心智，期待并观察心智再次发展的迹象。

接下来，我将介绍一个已经工作了三年的案例，详细展示其发展过程。我会根据前文提到的不同临床阶段，展示我在各个阶段中的评估、概念化和干预方法。通过这个案例，学习者可以了解咨询工作随时间的进展、咨询师在不同阶段的专业思考与干预调整，以及来访者的自我改变。

初次相见：初始评估阶段

莉莉是一位 25 岁的年轻女性，拥有硕士学位，是一名设计师。她与男朋友同居，两人稳定相处已有四年。莉莉的咨询想法萌生于新冠疫情暴发后三个月，她发现自己的情绪逐渐失控。尽管刚完成硕士学业，并明白需要找工作，她却完全没有动力去行动。她感到焦虑且无力，深受巨大的情绪包袱压迫。她认为咨询能帮助她释放这些压抑感。

莉莉给我的初始印象是一个非常讨人喜欢、守规矩且思路清晰的年轻女性。她在咨询预约表中这样描述自己："我最近焦虑和抑郁情绪严重，心理状态很糟糕。总是被痛苦的感觉笼罩，想起难过的回忆会控制不住情绪，常常想哭。注意力难以集中，精力被情绪消耗殆尽，总觉得疲惫，没有动力做事，语言表达和理解能力退化。这使我的社会功能受损，难以正常社交。我总觉得别人不喜欢我，无法及时回应别人的话，回避倾向严重，这也影响到了我的日常生活、学习和工作。我希望能做出改变，让自己好起来，但深感无力且不知道如何改变，希望得到专业的帮助。"从她的自述来看，莉莉对自己有着深刻的观察力，并能用心理学的语言表达自己的状态，显示出她对这一领域的兴趣和接受度，同时她求助的意愿非常强烈。

在与她的深入交谈中，我注意到，虽然她能清晰地描述自己的感受，却对情绪触发的具体时刻和原因有些迷茫。最初与她对话时，她的逻辑思维清晰，语言表达流畅，谈话充满趣味，她生动地描述了自己生活中的开心、悲伤和焦虑。这让我好奇，为何她会在生活中感觉到情感压抑？为什么她会失去活力和理解自己情绪的能力？随后我发现，当她能够与他人建立联结，感受到对方的关注、喜欢和接纳时，她的自我便会苏醒，情感流动起来，活力也会再现；而当她感受到联结断裂，无法感受到爱和关注时，她会迅速进入一种防御性的人际姿态，陷入抑郁、混乱，甚至随时可能崩溃的状态。

经过几次咨询后，她感到之前无法描述和表达的情绪得到了释放。在咨询中，这些情绪被识别并用语言表达出来，情感获得了充分的理解与共情。我能感受到我们建立了积极的咨访关系。在她的情绪症状得到缓解后，我开始向她解释我的长期打算。因为我在开始与她工作时已经怀孕，需要提前与她讨论可能引发的分离焦虑。我对她说："我还能与你工作四个月，随后将休息四个月，之后会回来继续工作。每个人在咨询中所需的时间长度不同，我不确定这会对你有何影响。"她回应："四个月对我来说应该够了，我不需要那么长时间的咨询吧？"她的回应让我有些疑惑，我在思考她对当前问题的理解。她似乎认为自己的问题是一种短期的、事件性的应激情绪问题，认为当前激烈的情绪过去后就万事太平了。她是否有深入了解和探索自己的期待呢？对此我尚不得而知。

⌘ 初始评估

我们在前文中提到，初始评估关注两个问题：①评估来访者的问题；②评估来访者这个人。

评估莉莉的问题

莉莉当前的主要问题是情绪上的困扰，特别是焦虑和抑郁。这些情绪问题已经持续了三个月以上，并且没有得到缓解，逐渐影响了她的日常生活、社会功能、学习、工作以及人际关系。

评估莉莉这个人

莉莉能够迅速与咨询师建立合作关系。在良好的关系中，她展现出良好的自我观察和表达能力。然而，莉莉也有回避倾向。她会压抑和回避在关系中感受到的不舒服的情绪体验。当她感受到联结和关注时，她的自我功能会发挥得很好，情感流动，活力再现；但当联结断裂时，她会迅速陷入抑郁状态。这表明莉莉的自尊和内在自我状态并不稳定，她的自我状态与是否有强有力、支持性的关系紧密相关。因为她需要借由关系来维系自我状态，她在关系中也压抑内在攻击性。

在评估莉莉的过程中，我注意到一个重要的问题，这也是需要与她深入讨论并与其主诉问题相关联的问题：“心理咨询能帮助我什么？”

在咨询刚开始时，莉莉对这个问题的理解与大众的普遍认知类似：她需要一个情绪出口。这是许多人对心理咨询的基本认识，认为心理咨询师是一个树洞，咨询是一个情绪宣泄的过程。确实，心理咨询的第一步是帮助人们宣泄和释放情绪。情绪的释放很重要，可以让来访者暂时从高度焦虑和紧张的状态中松弛下来。然而，心理咨询的工作并不止于此。

来访者真正获得情绪调节能力，依赖于多方面的自我内在改变。例如，来访者需要了解自己的内在冲突，认识到引发焦虑的原因，认识到自己自动化处理情绪的方式（即无意识防御机制）。只有当来访者对情绪有充分的感知和觉察时，才能采取有效的方法来帮助自己。

在与莉莉的工作中，我认为她并未对此进行深入思考。她对我怀孕中断咨询的反应，可能也说明她认为只要释放了情绪，问题就解决了，不再需要继续咨询。这表明她似乎未能意识到她深层次的自我和自尊问题（即自体问题），或者她内在还没有充分准备好与我进行深层次的探索。

⌘ 初始概念化

在初始概念化中，我想谈论两个部分：广义概念化和狭义概念化。广义概念化是我们如何与来访者工作，探讨我们对他们问题的心理学层面的理解；狭义概念化则是咨询师内部的思考与理解。

广义概念化

在初始阶段，我与莉莉主要讨论了她的咨询目标。由于我的怀孕生产计划，我们的工作时间限定在四个月内。因此，我们从一开始就计划在这段时间里她希望获得怎样的帮助。

我们的目标是帮助她稳定当前的生活，包括探讨职业发展、支持她完成就业，以及帮助她应对新工作中的人际压力等问题。在咨询过程中，我们发现她在大多数情况下自我功能良好，但她长期情绪压抑，这使她与内心真实的情感体验疏离，不知道自己真正渴求什么、想要什么、期待什么。尽管她有处理和消化情绪的能力，但这种能力大多是被动的。换句话说，她很难在意识层面调控和调节自己的情绪，甚至很少意识到自己的情绪状况及需要采取的措施。

因此，围绕现实层面的话题，无论是就业还是工作中的人际问题，我们都在帮助莉莉思考自己的真实感受和内在冲突，帮助莉莉观察她无意识采用的防御机制如何让她远离了自己真实的情感体验，帮助她意识到当自己做的决定与真心背道而驰的时候，她会有怎样的体验和感受。渐渐地，在一个支持性的环境中，她开始得以意识到自己为什么容易情绪失控、为什么会出现抑郁或焦虑，以及这些情绪如何影响了她的生活动力。当她能够真正思考和了解这些问题时，便能获得内心的自由和内在改变的机会。

以上的内容都是咨询师在咨询过程中会向来访者呈现并予以讨论的。

狭义概念化

在与莉莉相处的早期，我对她的过去了解有限，我不太了解“她来自哪里”。然而，在仅有的四个月里，通过观察和交流，我逐渐理解并构建了对她的认识，试图从人格层面理解“她是谁”。

首先，在初步评估中，我认为莉莉的自体功能相对脆弱。在面临重大压力和焦虑时，她的自体稳定性受到威胁。在心理咨询期间，咨询师能充当她重要的自体客体，支持她的自体完整性和稳定性，使她能够较好地发挥各方面功能，保持相对稳定的情绪状态。然而，莉莉似乎未能意识到这一点，也未察觉到咨询师缺席可能对她的自体稳定性带来的隐患。尤其是在我产假即将开始前的几次咨询，她频繁迟到。尽管我们多次讨论，她始终否认迟到与对我离开的分离焦虑有关。

此外，莉莉对我怀孕的反应让我对她的内心世界有了另一种假设。当她说“我不需要那么长时间的咨询”时，这反映了她对依赖与独立的冲突。她渴求支持和帮助，但同时无意识里也对这种依赖关系感到恐惧。这种冲突可能源自她不愉快的早期依恋关系，也可能与她作为 25 岁成年人的心理发展阶段有关。对于 25 岁的年轻人而言，能够工作、挣钱并实现经济独立对其心理成熟至关重要；同时，他们迫切希望在精神上自立，信任自己的判断力和决策能力，塑造自信与自我认同。这种对独立的深刻渴望，与她对被照顾和帮助的需求形成强烈冲突。

在现阶段，我无法确定莉莉内心冲突的具体原因，因为没有足够的过往经历等材料来证实我的判断。而且这部分似乎也暂时不是她最迫切想了解和触碰的内容。因此，我只能带着猜想和好奇，在与她的对话中仔细观察并保持内在思考。由于我们的工作时间只有四个月，所以我们将咨询目标设定为帮助她调节情绪。这也是她前来咨询时最迫切的需要，是她意识层面的痛苦。关于对她依赖与独立的内在冲突的深层探讨，我暂时放在心中，并未主动提起。

作为心理咨询师，我们像侦探一样搜寻线索，寻求真相。同时，我们也是一面镜子，帮助来访者认识自我，揭示他们未曾察觉的自身面貌，从而更深刻地理解自己的本质。心理咨询并不是告诉来访者他们应该是什么样子；相反，它是一个温柔的过程，帮助他们自行探索和洞见内心深处的世界。

⌘ 初始干预及咨询小节分析

这是我休假前的一节咨询内容。那天的咨询她本来想取消，但是后来她还是准时出现了。

我：你发生什么事了呢？

莉莉：我好像得了急性肠胃炎，昨天开始拉了好多次肚子，特别难受。我本来想如果太难受就不来做咨询，不过好像晚上感觉好一些了，我就还是来了。

我：你现在感觉怎么样？

莉莉：还是会有点儿疼，哎哟（捂住肚子），太难受了。我小时候肠胃就不太好，容易吃坏肚子，可是这次我完全想不出来是吃了什么东西导致的拉肚子。

我：看你确实很难受，也让你感觉很虚弱。

莉莉：是啊，我一整天都没力气，也没去上班，就在家里躺着。

我：你男朋友是什么反应？

莉莉：他很担心我，他一直催我要吃药什么的，我告诉他我吃不下去，我需要缓一缓再吃药。他就一直催我。昨天我刚不舒服的时候，他给我做了一大碗冬阴功海鲜面，结果我吃了以后拉得更厉害了。他就不该给我做这种味道太重的东西，我应该吃点儿清淡的东西，调理一下肠胃。

我：你对于他做的这些，有什么感觉？

莉莉：他真的不擅长照顾别人，怎么可以给一个病人做那么重口味的东西呢？可是我给我妈讲我男朋友的事情，我妈总是说“你男朋友挺好的了，你该知足”，所以我不知道真的是我的问题吗？我觉得是不是对他要求太高了呢？

我：你对你男朋友是有一些不舒服和不满意的感受的，可是似乎你妈妈并没有接受这部分你的感受，以至于你好像也开始怀疑自己的感受了。

莉莉：他好像很担心我，催着我去吃药，可是我就想静一静。我就想他可以安静地坐在我旁边陪陪我，但是他就一直走来走去，搞东搞西，我宁愿自己一个人在房间待着。

我：他好像很焦虑呢，他的焦虑也让他无法安静下来，也无法看到你当时情绪的需要。

莉莉：是的，他就是很焦虑。我并不需要他做太多事情，我只想他安静地陪陪我。但是好像他听不懂我的意思。我不知道为什么，我好像越来越不想主动和他说话了，虽然我们两个每天都在一起，可是有时候我觉得他特别遥远。之前我和他一起做伴侣咨询，我很希望他可以和咨询师多谈谈，但他好像从来不觉得自己有什么需要谈的。我发现，好像有伴侣咨询师的帮助的时候他可以稍微认真地听我说话，但是当没有第三人在的时候，他就总喜欢反驳和驳斥我的想法，否定我的感受。每次都是我提出去见伴侣咨询师，他几乎就没有主动提出要见咨询师。

我：其实你会觉得你们之间的关系是存在一些问题的，但好像他不觉得你们之间有什么关系的困扰需要处理？

莉莉：他不觉得有什么问题，他总是转头就忘记了。每次我想和他谈论一些问题，他都觉得没必要。他只是一味想着升职加薪买新车，他只想去想那些开心的事情。

我：他回避一些你们关系的问题，这是令你不满的，也让你感觉很无力和孤独。

尽管这节咨询过程平淡无奇，没有情感的大起大落或深刻的领悟，但它是一段典型的对话。这种平实的互动是我与莉莉工作的常态，并且凸显了咨询中朴实但至关重要的环节。在许多与莉莉的对话中，咨询师似乎只是提供了简单的情感反应和共情回应，但这些对她而言至关重要，因为它们帮助她巩固了脆弱的内在自我。

如果莉莉的情感得不到有效回应，她很容易产生崩解焦虑，随后陷入深深的恐慌和自我怀疑。我发现，以往导致她情感崩溃的时刻，往往与她的感受被否定或拒绝有关。即使这种否定是出于安慰意图的话语，如“你就是想多了，其实没什么大不了的”，也会让她感到极度不安和不适。这种脆弱性也显现在她的工作场所，当她遭遇强势同事的挑战和质疑时，她的心理和情绪状态便会受挫，导致沮丧和挫折。

莉莉表面上是一个具有良好自我功能的来访者，在支持性的环境中，她能够展现出热情、活力、灵活性和创造力。然而，她内在的自我状态却是脆弱且不稳定的，面对压力环境和人际关系挑战时，她很容易感到焦虑甚至崩溃。换言之，莉莉的自我弹性和适应能力相对薄弱，在压力和焦虑下，她的内在自我显得尤为脆弱。她可能倾向于采取否认和隔离的策略来避免压力，缺乏在压力下保持理性认知功能的能力。在压力下，她容易失去对自身感受的确认和认可，甚至陷入无端的自责。

在我的工作中，我一直努力确认并理解她的感受，用我的语言向她传达，她的感受和想法是有其合理性的。

⌘ 阶段性小结

在我即将休产假之前，我们共同回顾了过去四个月的进展。她意识到自我的多项转变：她获得了一份新工作，并且尽管遇到了各种情绪挑战，她还是对自己应对各种情况的能力感到满意。她提到了她手表的压力监测功能——这款智能手表每日追踪睡眠质量和多项生理指标，综合得出压力值。心理咨询后，她注意到自己的整体压力水平有所下降，尤其是咨询后的压力值常是当天最低。

我询问她："这些数值和你的亲身感受相比，有何不同？"

她回答说，这些数字让她想起自己这段时间情绪上的变化。她不再像初次见面时那样频繁地感到焦虑，即使出现焦虑，也能在短时间内得到平复。她觉得自己可以更专注且平静地工作。曾经的人际困扰似乎不再让她害怕，她感到自己重新获得力量。对未来，她多了一些期待。

当我再次谈到我即将休假的事情，她的表现和第一次一样，觉得"这不是什么大问题"，她显得平静和自信，没有丝毫的担忧或分离焦虑。

基于我对莉莉的评估，我对于这个咨询中断可能会对她带来的影响持有一种担忧，但这始终在当前的咨询进程中无法被讨论。

再次相见：推进谈话

在我结束产假一年多后，她再次主动联系我，希望能重新开始咨询。

她告诉我，在我们分别的这一年中，她经历了许多事情。刚结束咨询的第一个月，她感觉状态良好，没有任何压力和焦虑。然而，不久后的一场突如其来的惊恐发作让她倍感恐惧。那天晚上，她突然感觉心脏剧烈跳动，仿佛心脏就要从嘴里跳出来，呼吸急促，甚至感到呼吸困难。当时她独自一人，无人可求助。凭借之前的心理学知识，她意识到自己可能正在经历惊恐发作。她上网查了相关信息，知道这种状况会在短时间内缓解。几分钟后，她慢慢平静下来。

起初，她将其归因于近期工作加班熬夜导致的过度疲劳，申请了一周的休假。假期里，她感到轻松。然而，休假结束回到工作岗位后，在一次会议上，惊恐发作再次发生。她这才意识到自己可能正面临心理危机，于是寻求了一位新咨询师的帮助。

在接下来的几个月里，在新咨询师的帮助下，她的情绪得到稳定，惊恐发作也几乎未曾复发。她们的合作一直持续到她联系我前的一个月，那时她选择辞职，并决定终止与新咨询师的工作。

当她再次回到与我的咨询中，我好奇地问："你为什么决定再回来和我见面呢？你有什么期待？"

她说："在与前任咨询师的互动中，我确实得到了很多帮助；在惊恐发作期间，她帮我缓解了不少焦虑。但随着咨询的深入，我感觉我们的联结似乎缺了些什么。她尽力去共情和理解我，但我总觉得她未能完全理解我的内心。回想与你的咨询时光，你总能说出一些话，让我眼前一亮，仿佛我们很同步，总能唤起我的共鸣和被理解的感觉。虽然你们都很关心我，但感觉却略有不同。你好像总能看到我内心深处的东西，当你告诉我这些时，我发现它们与我以前细微的感觉一致，只是我从未以你所呈现的方式去理解和诠释自己。

我希望这次我们能有一个长期的合作，帮助我更深入地了解自己。”

来访者对自我的好奇源自咨询师的好奇。当咨询师能够以全新的视角理解和诠释来访者的内在世界时，这会为来访者打开一扇新的大门，帮助他们更好地探索自己的内心世界。

⌘ 完善评估与概念化

为了更深入地工作，莉莉开始谈论一些早年的经历。她出生在山东青岛，记得在初中以前，大部分时间都是快乐的。母亲是家庭主妇，父亲是富有的生意人。父亲时常给她买很多礼物，尽力满足她的任何需求。妈妈对她的饮食生活无微不至地照顾。即使现在，每当她生病或情绪低落时，她都会怀念妈妈为她做的美味佳肴，觉得那是美好而幸福的回忆。

然而，在初中时，父亲出轨了，父母的离婚变故改变了一切。她不得不定期向父亲索要生活费，父亲有时拖延，有时敷衍，这让她感到非常丢脸和羞耻，但她不得不面对现实。正值她最需要自主发展的青春期，却遭遇了家庭变故，这些无法选择的时刻让她感到愤怒。父亲离开家庭时，把所有的钱都给了妈妈，但不幸的是，妈妈遇到了网络诈骗，被骗走了一大笔钱。她不得不安抚妈妈的情绪，同时时刻监督妈妈以免再次成为骗子的目标。从那时起，她成了妈妈情绪的照顾者，无法再做被妈妈照顾的小女孩。

莉莉的内在自我状态似乎有着明显的分裂。她时而像个成年人，拥有成熟的认知和心智，能够理性地解决问题，具备资源和灵活处理问题的能力。然而，她有时又表现得像一个几岁的小女孩，极度无助、虚弱和情绪化，渴望依赖和被照顾。她偶尔会提到她的童年，那段时间的记忆时而温馨美好，时而残酷无情。这种分裂也反映在她与自己感受的联系上。当她开心时，她能够清楚地知道自己为什么开心、为什么充满活力，以及为什么有能力。然而，当她遇到负面情绪时，她与这些情绪之间的联系非常疏离。她会陷入混乱，不知道这些糟糕的感受是何时开始、如何开始的，并且无法觉察它们是如何蔓延开来的。她无法观察和意识到这些糟糕体验对她的影响，更不用说主动地去调节和适应它们。大多数情况下，她都是在无意识地逃避和隔离这些感觉。随着时间的推移，她越来越害怕出现糟糕的感受，试图用积极的情绪来转移负面情绪。然而，这种转移只会让她的糟糕感受变得更糟，最终导致她完全崩溃。莉莉在结束我们早期咨询后的惊恐发作和崩溃让她开始觉察到了这一点，这也是她继续咨询的原因。

她早年与原生家庭的关系解释了她分裂的自我状态以及无法觉察的自我情绪。莉莉与母亲的关系较好，但由于母亲自身的局限性，母亲疏于对她的情感镜映，她未能学会如何深入理解情绪和情感。莉莉对自己情绪的体察较为表浅。当情绪变得复杂、充满冲突时，她难以进行思考和调节。父母离婚后，她充当母亲情绪的调节者，她的内在情绪再次受到忽略。在青春期，她与父亲的相处不愉快，充满了敌对和羞耻，这让她对自己的依赖和渴求感到深深的焦虑，并试图否认自己的依赖性。

根据对莉莉的评估和概念化理解，我不断调整与她工作的方式。当她情绪较好，自我状态稳定时，她展现出丰富的自由联想能力，能够流畅地表达自己的情绪感受。在这种情况下，我选择成为一个安静的倾听者，退后一些，很少打断她的联想。我好奇地跟随她的内在思绪，探索这些有趣的内在体验。当她存在情绪焦虑，叙述逐渐混乱，甚至不知所云时，我会主动靠前，开始打断她混乱的叙述，尝试与她一起梳理事情的来龙去脉，向她提问，提供我记忆中她情绪变化的线索，给予我的观察反馈，有时甚至需要给出明确的建议以阻止她的情绪滑向崩溃边缘。换句话说，我是采取动力性探索的工作方式还是支持性的工作方式，取决于我对莉莉动态性的评估。

⌘ 深入干预：梦与移情分析

在重新开始咨询后，莉莉向我分享了她的一些梦境，其中有两个关于狗的梦特别有趣。

第一个梦是她成年后反复出现的。她梦见自己养了一只小狗，但她似乎忘记了这只小狗的存在，直到发现它已经饥肠辘辘了好几天。由于她忘记了喂养，这只小狗一直处于极度饥饿和虚弱的状态。

在我们的梦境分析中，莉莉发现这个梦与她内在被忽视的小女孩有关。她一直以为自己已经长大了——名牌大学硕士毕业，拥有体面的工作——可以完全独立。她在生活中总是照顾他人，照顾男朋友的情绪，照顾妈妈的情绪。然而，她渐渐发现自己忽略了内心的某个部分——就像那只小狗一样，渴望被照顾，需要被照顾，但长期以来被忽视，导致她身心疲倦、虚弱。

这个梦验证了我一直以来的感觉。起初，我认为她是一个成熟的年轻人，但随着交谈的深入，我越发觉得她内心深处还隐藏着一个几岁的小女孩，就像梦中的小狗一样，无助、脆弱、虚弱。然而，她很少与这个小女孩产生联系，以至于无法理解自己突然发生的惊恐发作，也无法应对自己的抑郁和消沉情绪。

另一个梦出现在我们有一次调整咨询时间之后。原本的时间是周日晚上 9 点（中国时间），但出于我的个人原因，不得不调整到周日晚上 10 点。她对此表示不满，因为这会打乱她的周日约会出行的安排。这个时间是当前合适我们两个人的唯一的时间。虽然我们讨论了这个变化带来的感受，但讨论似乎流于表面，难以深入。

在此之后，她做了一个梦。梦中，她养了一只新的狗，正在训练这条狗吃东西的时机。她希望狗在她命令后才吃东西，所以把食盆放在那里，却按住狗头，让它等待 10 秒再去吃东西，狗很不情愿地摇着头。

在她报告这个梦后，我表达了我的看法，认为这可能与我们最近的时间调整有关。

莉莉：我也很不理解为什么调整时间让我如此不爽。我甚至觉得，如果你能给我两个时间选择，哪怕再给我一个根本不可能使用的工作日时间，我可能都会觉得舒服一些。

我：你的不舒服似乎在于没有选择，被迫接受唯一的选择。

莉莉：是的，我一直对这类事情感到非常不爽。

我：唯一的选择意味着自主性被剥夺。只有 10 点可以选择，就像那只被按住头的狗，必须等 10 秒才吃东西，而你也只能等到 10 点才可以与我见面。这让你感到屈辱和愤怒。

莉莉：你说得没错，就是这种屈辱和愤怒的感觉。我很讨厌“服从”，那让我愤怒。尽管我知道你没有命令或者要求我什么，我们都是商量着来的，可是一旦没有了选择，我就觉得是一种被迫服从。

我：是的，这让你在与我的讨论、商量甚至抗争中，感到自己是无力的，是弱小的，像是被我任意欺负的。

莉莉：我确实有这种感觉。尽管我知道你不是这样的人。

由于时间关系，这段讨论并没有继续，但梦的分析确实帮助我们更深入地了解了她的情感。这个梦帮助我们看见了在之前讨论中未能察觉和触及的情感部分，也帮助她更好地表达对时间变动的情绪，并深入理解这些情绪扰动带来的影响。

⌘ 咨询小节分析

小节一

最近，莉莉在工作中遇到了一些人际困境，令她萌生了辞职的念头。她与一位新来的组长相处非常不愉快，已经共事了四个多月，莉莉感到自己受到了不公平的对待。这位组长是一名男性，常常用讽刺和贬低的语言批评和指责她的工作。他甚至会捏造一些毫无根据的问题，在团队会议上公然批评她。事后，当莉莉与他澄清事情的来龙去脉时，他总是装作恍然大悟，说："哦，看来是我误会了你，我向你道歉。"然而，莉莉从这种口头道歉中无法感受到他的真诚。这种情况已经发生了多次，她认为这位组长有强烈的控制和操纵欲望。她曾试图向另一位主管反映这一情况，但由于证据不足，主管并不打算采取任何干预措施。现在，莉莉接到了另一份工作机会，因此决定提出辞职。

莉莉：我周一的时候辞职了，这两天我都在家休息。唉，我今天有点儿头疼，可能是刚才我和朋友出去喝酒聊天的缘故吧。我和朋友聊起这个辞职的事情，我总觉得还是有点儿放不下。我朋友问我为什么要辞职呢，我告诉了她我的想法，可是我总觉得我是不是放弃得太快了？

我：你指的是什么呢？

莉莉：我为什么不去和他们斗争呢？其实有问题的是那

个组长啊，我应该让所有人都知道问题是他的，我不该就这么退出了，这显得我好像很懦弱。

我：你很愤怒、很气、很怨恨。辞职可能解决了这个问题，但是还是没有消解这份情绪。

莉莉：我给我妈妈说这件事情，我妈还没听我说完整个事情，她就说，“咱闺女怎么能受这样的委屈，咱还不干了呢”。她是很支持我的。我男朋友也是很支持我的，甚至他之前还催促着问我怎么还没有提交辞职申请。他知道我为这个事情很焦虑，他希望我赶紧离开这个公司。可是我总觉得有点儿什么地方不舒服，我是不是不该那么早就退缩了。

（当莉莉提到这一点时，我感到困惑。在我看来，她并没有像她所描述的那样“退缩”。她一开始积极地面对问题，尝试解决，但当她发现很难改变时，她选择寻找一个新的适合的工作环境。我认为这是一种非常适应性的表现，但她似乎对自己有一种负面的评价。我很好奇为什么会这样。）

我：（想了一会儿）你说你妈妈会很支持你。那如果是你爸听到这件事情，他会有什么反应？

莉莉：我已经很久没有与他联系了，我不确定是否应该向他提起这件事。根据我对他的了解，如果他真的知道了，他可能会说，“你遇到这种事情很正常啊，我年轻的时候遇到的困难比你多得多”。然后他可能会详细讲述自己和别人之间的斗争的情景。

我：对于你父亲会说的话，你有什么感受？

莉莉：你这么一问让我发现，我爸是一个不会轻言放弃的人。我知道我爸并不享受这种人与人的斗争，他是痛苦的。但是他总是要表现得自己是个扛下来了的硬汉。

我：你妈妈的情感更外放，而你父亲则更倾向于压抑情感并解决问题。我知道你妈妈是一位全职妈妈，而你父亲则有着丰富的社会经验。尽管你和你妈妈在一起的时间更长，情感上也更亲近，但或许你在社交适应方面会不自觉地认同你父亲的方式。

莉莉：是的，我觉得我妈虽然很理解和支持我，可是她是个很感情用事的人。但凡遇到一点儿小事情，她会很任性。我很害怕变得像她一样，有一点儿不舒服就放弃不干了。所以我才会觉得我是不是不该辞职，而应该留下来再争取一些改变。

我：我好困惑，你不是在之前做了很多努力了吗，从一开始你就尝试和这位组长沟通、澄清，公开的、私下的你都尝试过了。当你发现和组长沟通无效的时候，你找了你的主管，但是主管似乎很难提供给你更好的支持。你找到了更好的工作机会，公司更大，工资更高，更有挑战性和新鲜的工作内容，然后你才决定辞职。看上去你做了很多努力，你并没有“有一点儿不舒服就放弃”。你为什么这么看你自己？

莉莉：（听了之后很震惊，她想了好一会儿，说）是啊，我已经做了那么多了。可是为什么在你说到这些之前，我完全没意识到自己做了什么努力，我就觉得自己好像什么都没做。是啊，我做了那么多努力呢，为什么我完全没意识到呢？咦，我好像头不疼了呢。

说到这里，我们的时间刚好到了。有些遗憾我们这次的讨论只能到此为止。如果有更多时间，这里有许多值得深入探讨的内容，例如莉莉对她父母的无意识认同，以及她尚未完全发展出来的自我认同。莉莉的头疼或许并非巧合，而是一种身心症状，象征着她内在的心理冲突。当这些冲突无法通过语言表达时，便会以身体症状的形式呈现。这些内容都将在长程的工作中逐渐展开。

小节二

尽管莉莉是一个具有心理洞察力、愿意自我反思和自我觉察的来访者，但这并不妨碍强大的无意识防御机制对咨询推进造成阻力。莉莉内心深处藏着一个悲伤抑郁的孩子，但她一直在防御自己去体验和觉察这个孩子的存在。她努力将自己塑造成一个智慧、勇敢且开朗的女性，不断给自己的生活安排许多新的计划和挑战，但她很难意识到这其实是在拒绝和防御她内心的悲伤孩子。

莉莉发现，除了工作之外，她不知道应该给自己安排什么，每天的时间过得很快，但她却不知道时间去了哪里。她觉得自己很忙碌，但精神和情感却很空虚。她做了很多取悦自己的事情，但快乐和兴奋只能持续一小会儿，随之而来的又是一种空荡荡的感觉。

今天一开始，莉莉自己讲了20分钟一周以来发生的事情，每一件都很小、很琐碎，她讲完感觉很烦躁。

莉莉：我有些不知道今天我想谈什么。好像这些都不是我想谈的。

（我嗯了一声，并点点头。）

莉莉：我和朋友计划去潜水，我还挺期待的。

（我继续点头。她看着我，好像很期待我说点儿什么。）

莉莉：我昨天才考完试（职业技术资格认证考试），下个月还有一门考试，真的很烦，我还没想好要不要参加。

（我点头表示我听到了。我知道莉莉很想我说点儿什么，好像这样就可以继续话题，就可以不用面对沉默背后的东西，但我知道我需要等待，等待沉默背后出现的声音。）

莉莉：（有些坐不住了，她开始乱动）你说点儿什么吧。

我：我之所以没讲话，是因为我怕我一开口，有些东西就会逃走。

莉莉：是的，我也觉得有什么是我一直抓不住的，我很想抓住并且告诉你，但是不管我讲什么，似乎都不是我想讲的。我抛出了许多话题，好像在给你扔烟幕弹，但是就是不想谈那个应该谈的事情。

（我又点点头。）

莉莉：要不你给我点儿什么建议吧。

我：我现在的建议是我们什么都不说，只是静静地坐着，看看有什么会出现。

莉莉：（有些疑惑）你的意思是让我放空自己吗？

我：我看到你试图给自己的大脑许多指令，放空自己可能也是另一种指令。如果你不试图给你的大脑任何指令，你会有何种感觉？

莉莉：（一时间她的脸上露出一种难过的神情，她吸了吸鼻子）我突然感觉到一种巨大的悲伤。

我：这个感觉并不激烈，也不强烈，但是很浓烈。

莉莉：我知道我的内心一直在下雨，这场雨好像从未停过。偶尔会出太阳，但是总是阴沉沉的。我很想念我小时候的家，想念我的房间、我的床、我的书桌、我的柜子，好像那才是我的家。而现在，我只是一只流浪的猫。

莉莉在向我表达着她对于自己悲伤的理解，她认为自己的悲伤来自分离，来自丧失（失去她的房间、她的家），可是她内心的另一部分又在告诉她，她的悲伤来自她从未拥有过

（就像一只流浪的猫），她并非失去，而是未曾拥有一种安全与安心的感觉。

我并未向她做出以上的解释，我更想听听她的内心会说什么，我继续保持着沉默。

莉莉说："前天我去参加考试，我在考场上看到那些考试者的表情，我觉得很害怕。他们每个人看起来都非常麻木，有的人很疲惫、困倦，有的人呆呆傻傻的，他们的麻木让我很害怕。上一次我参加考试是好几年前还在读大学时的事情了。我记得那时候同学们充满活力。"

莉莉寻求快乐和充实生活的动力，可以理解为她试图逃离内在的悲伤和抑郁。同时，这也可以看作她试图用热情和活力去影响和拯救那个悲伤抑郁的内在小孩。这也解释了为什么她如此害怕看到那些麻木的成年人，因为她担心一旦自己变得低落、消沉或情感麻木，就会失去拯救内在小孩的机会。这对她来说是毁灭性的，也是极度绝望的。

对于莉莉来说，生活的活力和热情就像一种抗抑郁药物，支持着她在现实生活中的坚持和努力。同时，她也希望用这些活力和热情来治愈内在的部分。

在接下来的工作中，我们需要逐步让莉莉意识到这一切对她的影响。我们要承认并认可她为内心发展所做的努力，同时也要让她明白，之前的努力并不能有效地疗愈内在小孩。真正的疗愈始于被看见，我们需要在未来的工作中深入了解那个内在小孩经历了什么，倾听那个悲伤和抑郁的声音在诉说着什么。

⌘ 小结

动力学咨询的过程可以分为不同的层次：第一层是症状与问题，第二层是心智发展受阻与内在冲突，第三层是与咨询师的关系。评估、概念化和干预策略都应该从这三个层次入手。在咨询中，咨询师所说的话、所做的回应和干预并没有绝对的好坏对错，关键在于这些内容在多大程度上与来访者的内心情感契合，并且接近无意识的边缘。

附录

APPENDIX

从临床实习到个人执业

充分的时间

这句古话我们都耳熟能详：路要一步一步走，饭要一口一口吃。虽然这理念众所周知，但对于焦虑的咨询学习者来说，并不总是具有安抚作用。然而，不可否认，成为咨询师的过程贵在坚持，它考验的是时间的积累。不论天赋多么出众，学习者也无法逃避时间对技能熟练度的影响。这个过程有如酿造佳酿，即使原料上乘，缺少了时间去发酵，也难以品尝到美酒的风味。所以，行业内普遍采用工作时长作为衡量咨询师资质与能力的标尺。

尽管国内尚无明确规定来划分咨询师的水平，但越来越多的业内人士开始接受以下的分类方法：临床咨询时长不超过 500 小时的阶段称为实习咨询师，500 ～ 3000 小时的阶段称为新手咨询师，超过 3000 小时则可称为成熟咨询师。完成这些时数的速度不仅取决于你是否全职学习，还与你所处的发展阶段紧密相关。在学习初期累计临床时数往往更具挑战性。例如，作为新手咨询师，你可能每周只能处理 2 ～ 3 个个案，这意味着第一年能够积累 100 ～ 150 小时的经验，随着能力的提升，攒足 500 小时可能需要 2 ～ 4 年的时间。有时，问题不在于没有足够的时间处理更多个案，而在于缺乏处理它们所需的心理能量。我经常听到新手咨询师们谈论他们的工作情况。通常他们每周能接待 5 ～ 10 个来访个案。但倘若他们急于积累临床时数，盲目增加他们每周的工作量，他们会迅速感到极度疲倦，与现有来访者的工作的稳定性出现问题，甚至导致大量个案脱落。在实习阶段，咨询师每周的工作节数可能少于 5 个；进入新手阶段，这个数字可以提升到每周 10 ～ 15 个；而对于成熟的咨询师来说，每周稳定地进行 25 个咨询小节并非难事。成熟咨询师在一年内可以累积多达 1000 小时的临床时数，然而对新手来说，达到这一里程碑可能需要 4 ～ 5 年，甚至更长时间。

学习时长往往不仅仅局限于咨询室之内，还有许多咨询室之外的时间。我清楚地记得在我硕士期间有段时光，除了参与学校的咨询训练，我还主动安排了许多额外的实习机会。在工作日的晚上和周末，我会花 4 ～ 5 个小时与来访者一起工作。此外，我还需要花 1 个多小时撰写督导报告。每周六早上，我会去见校外的个体督导，我们会花 1 小时讨论督导报告。由于北京的交通状况，来回的公交车路程大约需要 3 小时。因此，也许我们需要更长的时间预期。我们需要给自己留出更多时间，不仅用于进行临床咨询，还包括督导时间和其他各种时间。

尽管网络技术日益发达，我依旧鼓励学生们积极参加线下的课程、督导和个人体验活动。心理咨询工作本质上是一种体验，线下互动虽耗费时间和金钱成本，但那些深刻的、亲身的体验对咨询师的个人成长具有无法估量的重要价值。

风险管理

中国心理咨询师的职业环境有着一些社会和时代的特殊性，因此要想做好个人执业，咨询师需要更敏锐地思考专业性的问题和时代性的问题。为此，我有一些建议。

第一，尽早评估风险。风险性评估的准确性不仅是在保护来访者的福祉与利益，还在保护咨询师本身。

在我的执业过程中，我发现与同行讨论最频繁，也是最具挑战性的情况之一，是涉及生命安全受威胁的情形。这些情况可分为两类：一是来访者表现出严重的自杀倾向，另一类是咨询师感到自身安全受到威胁。当出现来访者自杀或对咨询师构成威胁的情况时，咨询师的工作心态会受到巨大影响。因此，在评估阶段及早发现来访者的潜在危险因素（如自杀倾向、自毁倾向、冲动控制能力低、敌对及偏执行为、合作性低等）对于保障咨询师的个人安全和职业安全至关重要。许多同行会慎重考虑是否在私人办公室接待存在高风险情况（尤其是高自杀风险、偏执行为）的来访者，有些人选择在更具系统性和支持性的环境中与这类来访者合作（如学校咨询中心、医院），或者建议将他们转介给在这些领域有经验的咨询师。从专业角度来看，有高风险的来访者通常需要咨询师与精神科医生、家庭等合作治疗，才能取得更好的效果。

第二，确保来访者基本信息的完整性和真实性，以备不时之需。

在初始评估阶段，咨询师应当要求来访者提供紧急联系人的联系方式，并确保在知情同意书中承诺所提供信息的真实性。特别是在处理有自杀风险的来访者时，紧急联系人的存在至关重要。一旦咨询师感觉到来访者可能面临自杀危机，必须立即打破保密约定，与紧急联系人联系，以确保来访者的生命安全。在实际执业中，会遇到各种情况。我曾经面对过一位有自杀风险的来访者，当我要求与她的紧急联系人联系时，她告诉我提供的联系方式是虚假的。事实上，她提供的电话是真实的，最终我也成功联系到了她的家人，但这种情况让我十分后怕。

我试图理解我的来访者为什么会“说谎”。前来寻求心理咨询的来访者，大部分都是抱着想要被帮助的愿望来的，对于有自杀风险的来访者，他们的内心或许也知道自己有一个无法控制的想要自杀的冲动，而这部分也是他们渴望被帮助的。然而往往这些非常需要被帮助的来访者，可能有着并不值得他们信任的家人，以至于他们或许打心底里排斥将这些人当作自己的“紧急联系人”，以至于他们真的认为自己给了咨询师一个假的信息。

个人执业的咨询师很难完全避免这种情况，因此在评估阶段必须十分慎重。此外，最好的紧急联系人应该是来访者生活中能够及时赶到的人。许多大学生有心理咨询的需求，有时会选择校外咨询师。这些学生可能与父母不在同一城市，所以最好能获取学校心理咨询中心或辅导员的联系方式作为备用紧急联系人。对于这类来访者，学校是提供紧急救援和支持的重要资源。

第三，加强支持网络和执业安全感。

许多个人执业的咨询师都会建立合作关系，与当地可靠的精神科医生进行转介，特别是在处理有严重精神疾病的来访者时，这种合作提供了重要的支持网络。一些咨询师会要求有自杀风险的来访者签署安全承诺书，以确保他们在咨询期间不会采取自杀行为。此外，一些咨询师不会把咨询室设置在离家过近的小区或者会在咨询室中安装紧急呼叫装置，以确保个人的隐私与安全；也有的咨询师会将首次见面的来访者尽量安排在白天进行会谈，这样会增加咨询师——尤其是女性咨询师——的安全感。

我曾参与过一次关于“咨询师对来访者的类型进行选择，这是不是一种歧视，是否侵害了来访者的福祉”的讨论。从专业伦理角度看，保护来访者的福祉是咨询师的首要任务。然而，当咨询师的个人安全感受到威胁时，可能会导致极度焦虑，使其变得封闭和防御，从而阻碍对来访者的开放感受和理解。

咨询师也是人，没有人是完美的。每个咨询师的专业工作都存在局限和弱点，因此转介和寻求同行合作是正视这些局限性的勇敢表现。在专业伦理方面，我们通常强调“极力避免”某些情况；但是对于个人执业的咨询师而言，需要反思和理解自己的能力限制，并努力明确在工作范畴中需要“极力避免”的情况，找到有效的策略来应对。

个案来源

咨询师的早期发展是特别艰辛的。咨询师的发展有赖于足够多的个案经验，但是作为年轻的咨询师，获得个案又是一件不易的事情。为了积累个案经验，我曾经有过许多尝试，我在中学、高校心理咨询中心服务过，也为 EAP 公司服务过。我做过大量免费或者低费的心理咨询服务，只为了增加我个人专业经验，提高专业技术。在我读书的年代，互联网的技术远没有现在发达，但我怀疑或许我是最早一批开始尝试用互联网远程进行心理咨询的"先锋"。那个时候，我在网络上发布很多免费心理咨询的招募，通过 YY 语音（一个通信软件）与来访者进行交流。语音咨询有很大的局限性，但是对于还在学习阶段的我来说，能够和来访者进行语音通话已经是非常值得庆幸的事情。

当前互联网科技的发展远超当年，有许多咨询师通过自我营销在社交媒体上吸引来访者。这种咨询师曝光在公众视野中的做法引发了行业内广泛的讨论。随着时代的变迁，咨询师需要适应和生存，但同时也应该牢记伦理准则中关于"确保来访者福祉"的原则，不断审视自身言行可能对来访者、咨询过程以及整个咨询行业带来的影响。

在我的授课中，有学员提出了这样的问题："作为新手咨询师，我们接到的个案数量有限，通常都是通过朋友介绍而来的。那么，我们应该接受朋友介绍的哪些类型的个案呢？这种情况可能会牵涉到多重关系的问题吗？"这类具体问题通常难以简单回答，因为人际关系在现实生活中是变化多端的，咨询师的人际关系也在不断演变。这种情况提醒咨询师需要时刻警惕可能存在的伦理风险。

举例来说，如果朋友介绍他的父母来找你咨询，而这位朋友与你关系非常亲密，经常见面并共度时光，那么你需要认真考虑是否接受这个个案。因为很可能你的朋友在日常交流中会不经意地透露关于父母的信息，或者期待你在交流中透露与他们咨询的进展情况。相比之下，如果这位朋友是你年少时的伙伴，如今你们各自生活在不同城市，彼此几乎没有交集，那么与这位朋友的父母展开咨询工作的伦理风险可能会小一些。

在我早期做实习咨询师时，我接受了一个女性朋友介绍给我的个案。由于关系有些复杂，我将这位女性朋友称为 A，而她介绍的来访者称为 C。我并不认识 C，A 也不直接认识 C。C 是我女性朋友 A 当时的男朋友 B 的一位好友。我与女性朋友 A 的关系不错，但交集并不特别多，我也从未见过她的男朋友 B。当时我认为这个关系并没有太大问题，于是开始与介绍的来访者 C 展开工作。然而不久之后，我的这位女性朋友 A 决定与男朋友 B 结婚，邀请我参加婚礼，但同时我从来访者 C 那里得知他将是新郎的伴郎。

原本简单的个案因现实生活的变化而变得复杂。我需要对我的专业工作负责，为来访者的福祉负责，因此我选择避免参加这场婚礼。在某种程度上，无法参加婚礼对我和我的朋友来说都是一种遗憾和损失。如果当时我的朋友 A 没有结婚而是分手，我就不会面临这个伦理问题。然而，在接受这个被介绍的个案之前，我无法预料到这些情况。这件事让我在职业生涯早期遇到类似的情况后，从中反思更多关于伦理与多重关系的问题，不论是在工作中还是教学中。

与青少年工作

年轻人总是走在时代最前面。在使用视频咨询的人群里，年轻人（包括不满 18 岁的青少年）占很大比例。

按照原则，与未成年来访者的工作需要在监护人同意下进行。但许多在互联网上寻求咨询的青少年，他们的父母往往并不关心这件事情。有的父母给孩子许多零花钱，但始终忽略孩子的心理状态，对其可能有的心理问题视而不见。因此，许多青少年选择独自前来做心理咨询。面对这样的未成年来访者，如果因为缺乏监护人陪同无法签订咨询协议而拒绝与他们工作，我认为这可能会对他们造成另一种伤害。可是如果没有监护人的同意，咨询师又将面临伦理和法律的风险。这是极其两难的现实问题。

多数情况下，我会要求未成年来访者在初访之前让其父母签订知情同意书，如果来访者提到他们的困难，我会先与来访者见面，并会在初次见面时提出“需要与父母见面并获得他们的同意”和“如何邀请父母来见咨询师”等重要主题，并要求提供父母的联系方式作为紧急联系人。我会真诚地告诉未成年来访者：如果没有他们父母的签字同意，我将面临法律风险。在进行这些讨论后，我尚未遇到因此而拒绝我的来访者。每个孩子都希望让父母参与自己的生活，尤其是这些缺爱的“大小孩”，他们看似无视和忽视父母，实则内心渴望父母了解、参与并支持他们所做的每一件事情。因此帮助他们获得父母对咨询的认可，获得对咨询师的信任，也是对咨询工作极大的帮助。此外，我发现一个有趣的现象是，许多父母或许不会为了孩子的心理健康而来见咨询师，但会为了孩子的学业表现而前来。因此，往往“提升学习成绩”会成为我邀请父母前来的一大“借口”。

另外，倘若要和青少年工作，咨询师需要灵活调整其工作视角，甚至需要在必要时，帮助解决一些现实问题。

在督导中，我遇到这样一个案例。一名高三女学生，被医生诊断为中度焦虑、抑郁。她展现出较严重的焦虑症状，如手抖和注意力难集中，目前在服用抗焦虑、抑郁药物并效果良好。她从暑假开始进行视频咨询。开学后，来访者需要住校，通常一个月才回家一次，学校离家距离需要 1 小时车程。来访者告诉咨询师自己不喜欢回家，怨恨父母且认为父母照顾不周，情绪充满不满。咨询师与来访者的母亲交流后，咨询师认为母亲不像来访者所描述的那样“邪恶”，来访者的母亲关心并支持来访者进行心理咨询。

咨询师督导的原因是，开学以后来访者要求降低见面频率。咨询师发现自从来访者到了学校之后，她做咨询的环境里总是会有其他人。咨询师多次提到需要她找一个私密的场所才可以进行咨询，但来访者感到很困难。最终，来访者提出想要降低见面频率。咨询师有些懊恼，觉得是否自己对来访者所提的要求让来访者感到被拒绝和受伤。

我认为这位咨询师指出咨询环境不安全，是一个非常专业的行为。来访者可能并未完全意识到私密环境对于咨询的重要性，因此咨询师需要不断强调和坚持这一点。如果是面对面的咨询，确保咨询环境的私密性应该是咨询师的责任。而在视频咨询中，原则上，来访者需要为自己提供一个私密的环境。然而，这是一个特殊情况，大多数寄宿高中并不具备提供单独咨询空间的条件，因此确保来访者咨询环境的私密性变成一项需要解决的现实问题。

这位咨询师感到非常为难，他不知道这个问题该如何与来访者进行讨论，是否要去分析来访者无法为自己争取一个私密环境的无意识动力。我认为在当前阶段，无法保障一个私密空间，这不是一个无意识阻抗的问题，而是一个现实的问题。这是一个该由来访者父母出面想办法的现实问题。无论是考虑每周接来访者回家做心理咨询，还是考虑与学校老师沟通，为来访者提供一个临时咨询室或办公室，这些都应该由父母出面参与并给予支持。我建议这位咨询师与来访者商量如何让父母帮助和学校进行沟通，辅助视频咨询的顺利进行。

终身学习

心理咨询师的胜任力不是靠参加培训堆积起来的。他们必须在特定的环境中沉浸式地学习，通过观察和体验，潜移默化，耳濡目染，这是一个漫长的内化过程。唯有如此，学习者才能逐渐掌握心理咨询的真谛。在这些环境和体验式学习中，学习者需要学会如何深入地观察和理解人的心理世界，这种学习才是培养一名心理咨询师不可或缺的部分。

回想我的学生时代，老师们安排了众多观察性质的学习活动，现在看来，这些活动提供了难得且宝贵的学习经验，这些学习活动是之后许多年都无法再有的学习体验。

我们所修的家庭治疗课程要求每个学习小组自发地去观察日常生活中的家庭互动模式。我们需要在一个家庭毫不知情的情况下观察他们某一个生活场景的互动。为此，我们有的小组选择在少年宫门口的麦当劳“蹲守”。通常家长们会在周末带孩子去少年宫，然后在门口的麦当劳吃饭，我们就伺机观察在麦当劳吃饭的一家人的互动方式。也有的小组会选择周末到附近公园去观察。甚至还有小组会选择去周边医院观察那里家庭成员的互动。在完成所有观察任务以后，每个小组再回到课程中汇报所观察到的家庭相处模式。起初，我很迷茫我需要观察什么，我看到了很多，但是又无法描述清楚我所看到的是什么。但在不断的观察训练以后，我渐渐明白了些什么，我开始可以投入于观察之中，敏感于每个细节，并可以不断思考这些观察意味着什么。

在学校期间，除了观察日常社会场景中人们的行为心理状态，我们还去到医院精神科、监狱这样的特殊地方，对那里的人进行观察并与他们进行谈话。这些经历帮助我们认识到人的复杂性和独特性，也帮助我们提升对不同的人的接纳程度。当我们有机会和医生与精神病人对话、狱警与服刑人员对话的时候，这些经历极大地拓宽了我们对人性复杂性的理解。

当前，许多非学历的心理咨询培训项目提供了优质的师资和实习机会，给予学习者很大的学习空间。我亲身参与了许多培训项目的教学和督导，并观察到学习者们的热情不亚于那些参加学历教育项目的学习者。若要说有所差距，那可能是在于体验式学习机会的多少。如果学习者能够直接去精神科实习，或者参加如团体小组培训、正念冥想小组等更具体验性的活动，将大幅增强他们对人类心理及自我认知的深入体验。

最后，我相信心理咨询师必须不断学习如何更好地自我照顾，然而遗憾的是，这通常不是学校课程中的一部分。在我的本科学习中，我曾写过一篇关于职业倦怠的研究论文。职业倦怠会影响工作情绪，对工作的态度、参与度，以及从工作中获得的成就感。心理咨询师必须警惕职业倦怠，因为它不仅影响个人的职业满足感，也关乎工作能力和表现。南希・麦克威廉斯（Nancy McWilliams）在她的书中探讨了咨询师的自我照顾，并提供了多种建议[1]。我建议我的学生们记录他们每周在学习（包括培训、作业、督导、个人分析）和实习咨询上花费的时间，并注意，如果每周总时数超过 40 小时，他们就需要密切关注自己的学习和咨询状态。当学生提到他们的来访者脱落率上升时，我不只是与他们探讨案例处理的技术问题，同时也会帮助他们反思是否存在工作倦怠，并探讨它是如何影响咨询效果的。

咨询师应该充分认识到自己作为人的局限性，并为此不断努力。

后 记

POSTSCRIPT

当我的责任编辑问我书稿是否还有需要补充的内容时，我稍做犹豫，但很快告诉他，我想再写一篇后记。总觉得书已完成，却似乎还有未尽之意。

写一本书，如同孕育一个孩子，耗费巨大的身心能量。然而，在“足够好的母亲”背后，往往站着一个全力支持她的家庭。这本书得以面世，必须感谢我自己一直未曾减少的热情和持续不断的努力，更要感谢无数人对此书的贡献。

首先，我要感谢我的恩师——方晓义教授。在硕士阶段，我跟随方老师学习了三年。此后多年，我们通过书信保持联系，但我从未觉得与方老师真正分离。我职业发展乃至人生的每个重要阶段，他都知晓，并不断给予我支持和力量。方老师在学术上的造诣自不必多言，然而我认为他是个神奇的人物，他总是能将理性与感性完美地结合在一起。他在学术研究中一丝不苟、精益求精，而他在不经意间与我们日常的对话和交流却饱含深厚的人文情怀，常常让人动容。我始终能够感受到他对心理学及对人真挚而深沉的热爱，这份感受从未改变。

其次，我要感谢这本书的忠实读者——我的丈夫。从这本书还只是草稿的时候，他就开始阅读，直到最后成书。他并不是心理咨询从业者，可是似乎他总能明白我想讲什么，并让我得以更好地以一种更为通俗的方式阐述我希望表达的内容。无论是做咨询师还是做写书人，都是一件相当孤独的事情。我由衷地感谢并感恩他可以给予我陪伴。

我还要感谢机械工业出版社的编辑团队，特别是本书的责任编辑。在这个互联网与自媒体蓬勃发展的时代，书籍的吸引力似乎减弱了，愿意投入图书出版的人也越来越少。然而，书籍始终是人类精神发展的重要阶梯。感谢出版社对这本书的喜爱，让它得以面世。我相信，这不仅是对本书的认可，更是对中国本土心理咨询师的支持。过去，我们的心理咨询教材和指导书多以翻译为主。即便今天，翻译的书籍仍多于本土原创。然而，2024 年的中国心理咨询领域已非 20 年前可比。我们积累了许多经验和思考，经历了各种困境并摸索出相应的策略，自然也应该有更多属于我们的读物。

最后，也是最重要的感谢，献给那些以各种形式出现在本书中的人物与故事。这些鲜活的生命——我的来访者、督导生以及学生们——让我有机会深入理解人类心智的奥秘，感受生命的活力与美好。他们的存在，让这本书成为可能。

我相信，这篇后记，仅仅是一个开始。

第 2 章

1. CORMIER S，NURIUS P S，OSBORN C J. 心理咨询师的问诊策略：第 6 版 [M]. 张建新，等译 . 北京：中国轻工业出版社，2009.
2. KOHUT H. On empathy[J]. International journal of psychoanalytic self psychology, 2010, 5(2): 122–131.
3. LAMBERT M J, WHIPPLE J L, VERMEERSCH D A, et al. Enhancing psychotherapy outcomes via providing feedback on client progress: a replication[J]. Clinical psychology & psychotherapy, 2002, 9(2): 91–103.

第 4 章

1. OGDEN T H. Subjects of analysis[M]. Reissue ed. New York： Jason Aronson, 1977.
2. BION W R. Learning from experience[M]. Reprint ed. London : Routledge, 1984.
3. CONCI M，CASSULLO G. From psychoanalytic ego psychology to relational psychoanalysis, a historical and clinical perspective[C]// International forum of psychoanalysis. London： Routledge, 2023, 32(1): 1–3.
4. 拉玛 . 精神分析心理治疗实践导论 [M]. 徐建琴，任洁 , 译 . 上海：华东师范大学出版社，2020：161–162.

5. HAGMAN G, PAUL H, ZIMMERMANN P B. Intersubjective self psychology: a primer[M]. London: Routledge, 2019.

附录

1. MCWILLIAMS N. Psychoanalytic psychotherapy: a practitioner's guide[M]. New York: The Guilford Press, 2004.

心理学大师经典作品

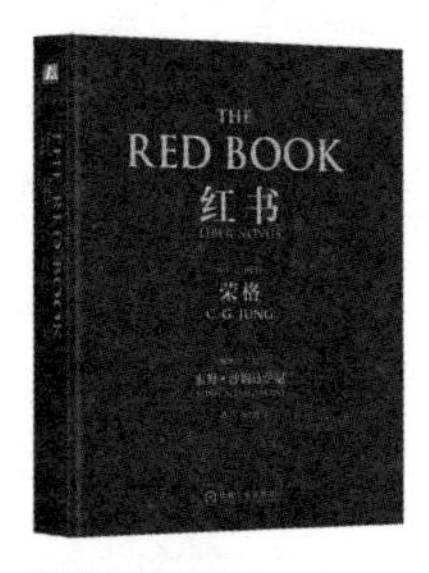

红书

原著：[瑞士] 荣格

寻找内在的自我：马斯洛谈幸福

作者：[美] 亚伯拉罕 · 马斯洛

抑郁症（原书第2版）

作者：[美] 阿伦 · 贝克

理性生活指南（原书第3版）

作者：[美] 阿尔伯特 · 埃利斯 罗伯特 · A. 哈珀

当尼采哭泣

作者：[美] 欧文 · D. 亚隆

多舛的生命：

正念疗愈帮你抚平压力、疼痛和创伤（原书第2版）

作者：[美]乔恩 · 卡巴金

身体从未忘记：

心理创伤疗愈中的大脑、心智和身体

作者：[美]巴塞尔 · 范德考克

部分心理学（原书第2版）

作者：[美]理查德 · C.施瓦茨 玛莎 · 斯威齐

风格感觉：21世纪写作指南

作者：[美] 史蒂芬 · 平克

唐芹

资深心理咨询师，拥有10年以上执业经验，超过1万小时临床经验。目前为中国心理学会注册心理师、注册督导师。北京师范大学心理学硕士，受训于中美精神分析联盟（CAPA）并在高级组及督导组毕业。长期担任简单心理咨询师培养计划与CIC（CAPA IN CHINA）咨询师培养计划的讲师及督导师。擅长成人情绪困扰，人际关系与情感问题，依恋与情感创伤，家庭与亲子等议题。曾任多所国家高等学府及专业心理咨询机构心理咨询师，目前为个人执业心理咨询师。

愿意通过人性的陪伴，帮助你找寻生命的价值与意义，获得内心的平静与自由。